AWR 射频电路仿真软件系列图书

AWR 射频电路设计与仿真实例

王 鑫　蒋中东　编著

西安电子科技大学出版社

内 容 简 介

本书主要介绍国内外射频电路设计领域常用的美国国家仪器公司(NI)旗下的 AWR 公司射频电路仿真软件 Microwave Office 的使用方法,书中内容主要基于 Microwave Office 软件的 V13 版本,并结合射频电路设计工作中常用的模块电路进行软件的操作讲解。全书分为 11 章,主要包括阻抗匹配、滤波器设计、低噪声放大器设计、功率放大器设计、Wilkinson 功分器设计、混频器设计、通信系统链路仿真、PCB 导入优化电磁仿真和微带天线仿真。

本书实例丰富,讲解翔实,适合作为广大理工类高等院校相关专业研究生、本科生的教材,也可作为广大射频电路工作者及科研人员的参考用书。

图书在版编目(CIP)数据

AWR 射频电路设计与仿真实例 / 王鑫,蒋中东编著. —西安:西安电子科技大学出版社,2020.4
ISBN 978-7-5606-5604-5

Ⅰ. ① A… Ⅱ. ① 王… ② 蒋… Ⅲ. ① 射频电路—电路设计—计算机仿真 Ⅳ. ① TN710.02

中国版本图书馆 CIP 数据核字(2020)第 023782 号

策划编辑 高 樱
责任编辑 李英超 雷鸿俊
出版发行 西安电子科技大学出版社(西安市太白南路 2 号)
电 话 (029)88242885 88201467 邮 编 710071
网 址 www.xduph.com 电子邮箱 xdupfxb001@163.com
经 销 新华书店
印刷单位 陕西精工印务有限公司
版 次 2020 年 4 月第 1 版 2020 年 4 月第 1 次印刷
开 本 787 毫米×1092 毫米 1/16 印张 11.5
字 数 265 千字
印 数 1~3000 册
定 价 27.00 元
ISBN 978-7-5606-5604-5 / TN
XDUP 5906001-1
如有印装问题可调换

前　言

 为何写作此书

随着数字信息技术的飞速发展，信息量的爆发式需求引导着通信产业技术朝着更高的传输速率、更低的传输时延、更广的用户覆盖面、更多的同时在线终端方向发展。其在模拟射频技术上呈现的是通信频段越来越高，信号的带宽越来越宽，以此给射频通信领域带来了全新的发展和挑战。传统的射频技术设计方式偏向于解决信号工作频段较低、工作带宽较窄的射频技术实现问题；而在当今的技术需求下，微波频段乃至毫米波频段，宽带乃至超宽带是未来的主流方向，其所遇到的和需要解决的射频问题也变得更加复杂，更加难以使用简单的设计手段实现。此时就需要使用成熟且精确度较高的 EDA 辅助设计工具来辅助设计。使用成熟且专业的 EDA 辅助设计工具进行专业性的设计具备开发效率高、开发周期短、开发问题确认精确快速、开发成本低、设计过程可重复等诸多优点。君欲善其事，必先利其器，掌握一款好的工具往往能够得到事半功倍的效果。

目前美国国家仪器公司(NI)旗下的 AWR 公司的射频微波电路仿真产品 Microwave Office、电路仿真产品 Analog Office、系统仿真产品 Visual System Simulator、电磁仿真产品 AXIEM 和 Analyst 等均是射频电路领域内公认的较好的仿真软件，也是射频通信电路的主流设计软件。编者的同事在工作学习中经常会遇到各种各样的使用问题，却找不到一本该软件的实用教程供大家查阅参考。每闻及此，颇感遗憾，遂发此念编写一书以备查阅参考学习。

 本书特点

• 简单易学，循序渐进。本书以初中级读者为对象，首先从 Microwave Office 软件的基础讲起，再辅以射频电路设计实例帮助读者快速掌握 Microwave Office 的功能。

• 结合实际，内容经典。本书结合作者多年的 Microwave Office 使用经验与实际工程应用案例，特别针对 Microwave Office 软件的使用方法和技巧进行了详细的讲解。本书在各章节讲解的过程中辅以操作实图，方便读者查阅参考，从而快速掌握书中所讲解的内容，甚至能够解决工作中遇到的设计问题。

 读者对象

本书适合 Microwave Office 软件的初学者和射频通信电路的设计人员，以及期望提高射频电路设计仿真能力的读者，具体包括：

- 高校以及大、中专院校的教师和在校生；
- Microwave Office 的初学者；
- 广大科研人员；
- 初、中级 Microwave Office 的使用者；
- 广大射频通信电路的设计人员；
- 相关培训机构的教师和学员。

 ## 编写分工

本书主要由王鑫、蒋中东编写，其中第 1、2、4、5、7、8、9、11 章由王鑫编写，第 3、6、10 章由蒋中东编写。虽然我们在本书编写过程中力求详尽、准确、完善，但由于水平有限，书中欠妥之处在所难免，恳请广大读者及各位同行批评指正，以共同促进本书质量的提高。

编者的电子邮件地址如下(若来函请注明真实姓名、单位、职务)：
王鑫：allen.bagoo@outlook.com
蒋中东：mickastj@sina.com

编　者
2019 年 12 月

版权声明及授权书

目　录

第 1 章　AWR 简介

1.1　AWR 公司概述

美国国家仪器公司(NI)旗下的 AWR 公司，是全球高频电子设计自动化(EDA)工具的领先供应商与行业领跑者，其 EDA 产品被广泛用于手机、卫星通信系统和其他无线通信电子产品的设计与仿真。应用 AWR 公司的产品可使工程师快速开发出技术含量高、稳定可靠的新产品，并可大幅提高设计效率、降低成本。

AWR 公司的总部位于美国加利福尼亚州，其在全球各地均设有开发、销售、培训中心和经销渠道。AWR 公司在位于亚太区的上海、东京、首尔也成立了直接进行销售和技术支持的办公室。全球有超过 700 家公司应用 AWR 的产品，几乎涵盖了大部分的微波高频电子器件和系统的生产商。

1.2　NI AWR 产品简介

AWR 公司产品主要包括射频微波电路仿真产品 Microwave Office、电路仿真产品 Analog Office、通信系统仿真产品 Visual System Simulator、电磁仿真产品 AXIEM 和 Analyst。

1. Microwave Office 射频/微波电路设计

Microwave Office 设计套件是一个完整的软件解决方案，面向所有的射频和微波电路设计者，供用户设计集成微波组件和单片微波集成电路(MMIC)。Microwave Office 以其直观的用户界面而闻名，并且具有独特的架构，无缝连接了 AWR 强大的创新工具与第三方的应用工具，使得高频设计的工作更快速和简便。

2. Analog Office 高频模拟和射频集成电路设计

AWR 的 Analog Office 软件为射频集成电路和模拟集成电路的设计者们提供一个易于使用、灵活而又精确的设计环境。这款软件独特的架构使得工程师们能控制并无缝连接最佳的工具进行设计、综合、仿真、优化、布局、提取并验证从系统级到流片的整个设计过程。Analog Office 能让设计者在简化设计流程的同时提高生产效率、缩短产品上市的时间。

3. Visual System Simulator 通信系统设计仿真

Visual System Simulator 软件专门用于设计复杂的通信系统,它使工程师能够设计出合适的系统架构,并为每个底层组件设定合适的指标。VSS 建立在 AWR 的统一数据库架构下(如 Microwave Office),无缝实现了系统和电路级的协同仿真。

4. AXIEM 三维平面电磁分析

AXIEM 三维平面电磁分析软件完善了 AWR 的设计环境。无论是设计还是优化射频电路板、模块、低温共烧陶瓷(LTCC)、单片微波集成电路、射频集成电路或者是天线等无源器件,AXIEM 的精确度和速度极大缩短了设计周期,帮助人们节省了宝贵的时间和金钱。

5. Analyst 三维有限元电磁分析

Analyst 是一个功能强大的三维有限元电磁仿真分析软件,它与 AWR 的设计环境无缝连接,只需点击一下鼠标,即可实现从电路概念到三维电磁设计、验证的整个设计过程,真正将三维电磁分析集成到电路设计工具中。应用此集成化的设计流程,设计者便可对电路进行设计、优化和调谐,以获得最佳的性能。

1.3   Microwave Office 软件安装及功能模块简介

1.3.1   Microwave Office 软件安装

Microwave Office 软件安装过程非常简单,类似于大多数 Windows 操作系统的软件安装。首先登录 AWR 公司官方网站 http://www.awrcorp.com/cn,下载 Microwave Office V13.X 64 bit 的软件安装包;然后双击运行下载好的软件安装包,弹出如图 1.1 所示的安装界面。

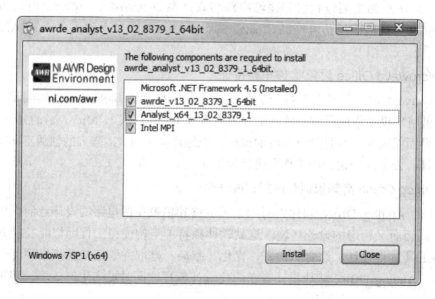

图 1.1   软件初始安装界面

　　开始软件安装，先勾选需要安装的软件，点击"Install"按钮开始进行软件安装。

　　进入软件安装导航界面，弹出如图 1.2 所示的安装导航界面，点击"Next"按钮。

　　然后阅读 AWR 公司关于该软件使用的情况声明及其法律意义，如图 1.3 所示。如无疑义，勾选"I Agree"选项，然后点击"Next"按钮。

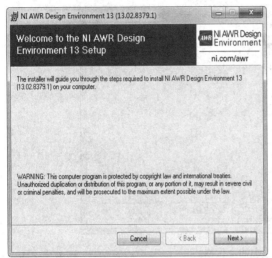

图 1.2　软件安装导航确认界面　　　　　　　　　图 1.3　软件安装许可声明

　　此时进入软件安装位置的设置界面，在"Folder"输入框中输入软件的安装位置，如图 1.4 所示。点击"Next"按钮。

　　选择软件使用过程中默认的尺寸单位，此处根据不同设计人员的使用习惯可以选择英制或者公制的单位。本书选择勾选公制单位"Millmeters"，然后点击"Next"按钮，如图 1.5 所示。当然，单位的修改也可在软件的环境变量中设置，这在后续章节中会有介绍。

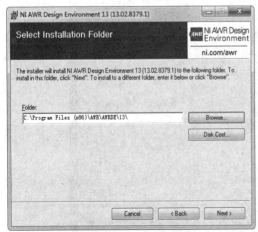

图 1.4　软件安装位置设置　　　　　　　　　　　图 1.5　设置软件默认尺寸单位

　　设置在使用过程中软件需要兼容的文件格式，这里全部勾选，如图 1.6 所示。

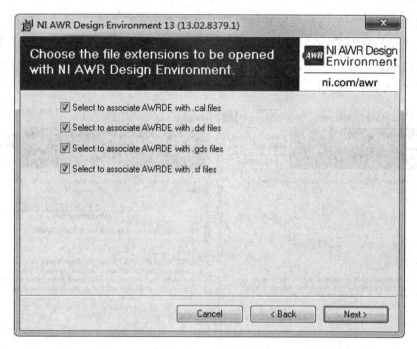

图 1.6　设置软件兼容的文件格式

　　最后确认以上设置过程是否需要更改，如无须更改，点击"Next"按钮开始进行软件安装，如图 1.7 所示。

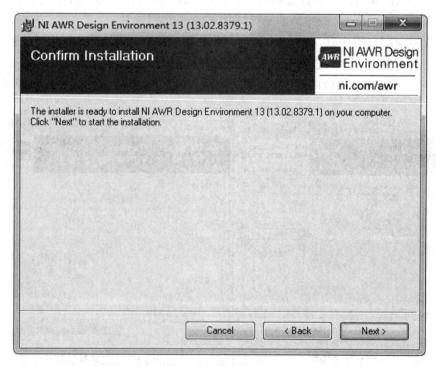

图 1.7　软件安装确认

软件安装过程如图 1.8 所示。

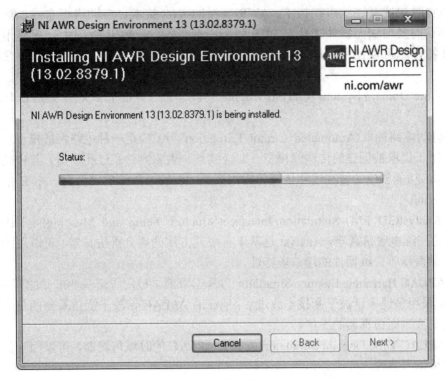

图 1.8　软件安装过程

安装完成后点击"Close"按钮，结束软件安装，Microwave Office 软件安装成功。

1.3.2　Microwave Office 的基本功能模块简介

Microwave Office 有许多许可套件，AWR 公司会根据不同的许可套件进行不同的收费，这些许可套件中包含客户需要使用到的射频电路、通信系统及电磁仿真功能，在项目初始时需要勾选确认选用具备哪种仿真功能的许可套件。射频设计主要使用的仿真功能如下：

(1) Linear 仿真功能是 Microwave Office 软件中主要的仿真功能之一。Microwave Office 软件支持节点导纳矩阵的线性仿真，对设计电路进行线性化仿真，其中主要包括射频电路设计常见的端口参数仿真、噪声仿真、交流仿真、电路稳定性分析、增益仿真等。

(2) Harmonic Balance 仿真是 Microwave Office 软件主要的非线性仿真功能，其可以对非线性电路的谐波功率、电压、电流、效率等非线性性能进行仿真。

(3) Layout 即电路的 PCB 版图预览功能，由于 Microwave Office 的原理图与版图数据库相同，在更改原理图中的元器件时，PCB 版图也会实时变更；相反的，在修改版图中的射频走线时，原理图相对应的元器件参数也会实时变更，并支持在 PCB 版图中进行修改器件布局及走线。该功能缩减了原理图到 PCB 版图的设计过程，并提高了电路原理图与 PCB 版图的交互性。

(4) iNet 功能称为智能布线，主要应用于 PCB 版图走线操作，是专为射频设计人员设计的实时快速互连线布线技术。AWR 公司的 iNet 技术可自动进行布线，即在 PCB 原理图中不需要增加元器件来获取 PCB 版图中的走线，在 PCB 版图中只需要相邻元器件的互连特性就可以使用 iNet 功能创造一条符合设计需要的走线，并可以随意编辑该走线。

(5) Time Domain System Analysis Engine 仿真功能，用于仿真通信系统在时域中的特性。

(6) 自动电路抽取(Automated Circuit Extraction，ACE)是一种电路特征模型自动提取的方法，用于提取被创建的传输线模型、非连续点、集总器件和过孔模型。其中传输线包括使用 iNet 功能创建的传输线和传统传输线模型。相较于传统电磁仿真，ACE 能够缩减电磁仿真时间。

(7) Analyst(3D EM) Simulation Interface(Structure Setup and Meshing)是 Microwave Office 中的三维电磁仿真器。Analyst 是基于有限元方法的场分析仿真器，可以用于仿真波导、腔体谐振器等三维器件的端口场特性。

(8) APLAC Harmonic Balance Simulator 仿真引擎最早被用于诺基亚产品的开发，经过 AWR 公司采用多速率谐波平衡技术改进后，现在的 APLAC 谐波平衡仿真器的仿真速度大约是传统谐波平衡仿真器的 5 倍。

(9) APLAC Time Domain Simulator 是基于 APLAC 的时域仿真器，可以用于仿真射频电路的时域信号特性。

(10) APLAC Advanced Harmonic Balance 是基于 APLAC 的高级谐波平衡仿真器，具备更快的仿真速度。

(11) APLAC Time Domain and Advanced Harmonic Balance 是基于 APLAC 的时域及高级谐波平衡仿真器。

(12) AXIEM 是 Microwave Office 的一种三维平面电磁仿真器，可以对射频印刷电路板和模块上的无源器件、低温共烧陶瓷结构、单片微波集成电路、射频集成电路、微带天线等进行建模和优化，主要功能包括电磁提取技术驱动 EM 仿真、图形编辑器、自适应网格加密、离散和快速频率扫描、可视化操作和结果后处理。

1.4　Microwave Office 主工作界面

Microwave Office 集原理图、PCB 版图、电磁仿真、系统仿真于一个工作界面中，使得设计工作方便快捷，操作步骤简单清晰。其工作界面菜单栏和工具栏会根据当前激活的功能进行自动切换。

在新打开的 Microwave Office 软件界面中可以看到其主要工作界面，如图 1.9 所示，其中包括菜单栏、工具栏、浏览器界面和工作界面。

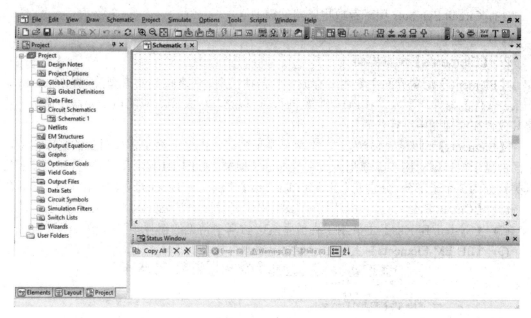

图 1.9 Microwave Office 主要工作界面

Microwave Office 浏览器界面中主要包含三种功能界面:【Project】浏览界面、【Element】浏览界面和【Layout】浏览界面。

1.【Project】浏览界面

【Project】浏览界面主要是关于项目工程的相关文件的管理及应用,以下就【Project】浏览界面中常见的各个项目相关的子功能进行介绍。

(1) Design Notes 用于记录该仿真工程的一些基本情况,方便后续该仿真工程的使用者了解仿真工程的基本特点及用途。

(2) Project Options 用于设置仿真工程的基本参数,例如仿真频率信息、仿真工程的基本单位信息和原理图的显示信息等。

(3) Global Definitions 用于定义仿真工程的全局变量。

(4) Data Files 用于存储导入的外部数据文件,支持常见的 S 参数文件、Loadpull 数据、MDIF 以及 MDF 等多种数据格式。

(5) System Diagrams 用于存放系统仿真时的逻辑原理图。

(6) Circuit Schemacits 用于存放电路级仿真时的原理图。

(7) Netlists 主要用于显示仿真的网格参数等信息。

(8) EM Structures 用于存放电磁结构图纸,便于后续的电磁仿真。

(9) Output Equations 用于编辑自定义的变量公式,方便科研工作者进行一定的科学研究。

(10) Graphs 主要用于显示仿真结果。

(11) Output Files 用于将仿真结果输出成特定格式的文件。

(12) Data Sets 用于设置仿真结果的数据。Microwave Office 支持设置三种类型的数据,分别用于设置结果视图数据、场分析数据和仿真结果数据。

(13) Circuit Symbols 用于存放电路器件模型等。

(14) Wizards 用于快速设计成熟的电路模型。

2. 【Elements】浏览界面

【Elements】浏览界面主要用于存放一些器件模型、仿真控制器模型等，是 Microwave Office 软件的器件模型库。在原理图设计时，可以在其中找到对应的电子元器件模型，并将其放置在原理图中进行仿真。

【Elements】浏览界面分为上、下两个显示窗口，上面的显示窗口对应的是库模型，下面的显示窗口则对应该库模型大类中的细分子模型，如图 1.10 所示。该浏览界面按照仿真类别分为 3 个子部分，分别是【Circuit Elements】、【System Blocks】和【3D EM Elements】。

(1) 【Circuit Elements】主要用于存放电路仿真设计中常见的电路元器件模型。

(2) 【System Blocks】主要用于存放系统级仿真中常见的器件模型、设备模型等。

(3) 【3D EM Elements】主要用于存放电磁器件模型。

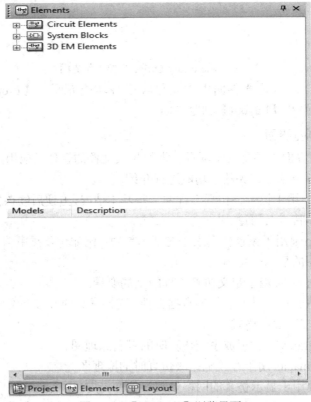

图 1.10　【Elements】浏览界面

3. 【Layout】浏览界面

Microwave Office 具备强大的板级 PCB 编辑功能，使用 Microwave Office 软件能够较为轻松地修改板级参数和创建器件模型，便于快速进行 PCB 板级电路仿真。【Layout】浏览界面如图 1.11 所示。其主要用于 Microwave Office 的 PCB 板级设置信息及存放电路印刷板的文件库。在该浏览界面可以设置三维板级参数和二维板级参数，还可以绘制电子元器件的封装图纸和存放其他电路印刷板的文件。

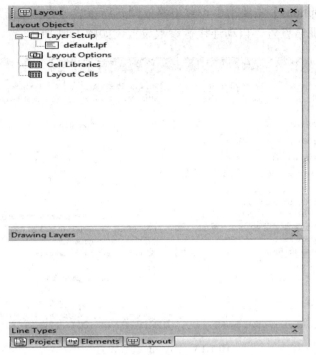

图 1.11　　【Layout】浏览界面

【Layout】浏览界面主要分为上、下两个显示窗口，【Drawing Layers】窗口包含 PCB 的板层编辑信息，上面的显示窗口【Layout Object】显示的是关于 PCB 板的参数、器件的 PCB 库等信息，主要分为【Layout Setup】、【Layout Options】和【Cell Liabraries】。

（1）【Layout Setup】用于管理板级的导电层信息，主要在.lpf 文件中进行设置，该文件包括二维、三维的电路板结构和电磁结构信息。鼠标左键双击点开该文件可以看到 PCB 的基本导电层信息，如图 1.12 所示。

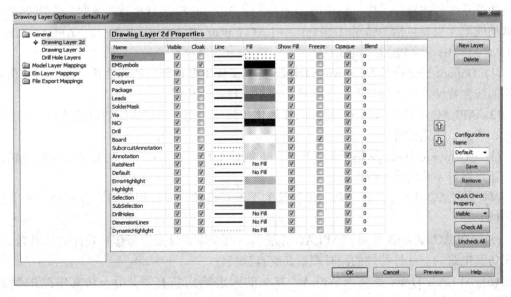

图 1.12　叠层文件

(2) 【Layout Options】主要用于设置电路板图布局布线等的参数信息，其中包括走线规则、电路板图的栅格设置、自动连接等参数设置，如图 1.13 所示。

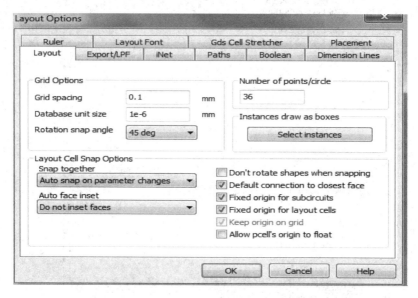

图 1.13　Layout 参数设置

(3) 【Cell Libraries】用于存放电子元器件的封装模型库，其可以将其他封装模型进行导入，也可以导出已有的封装模型。

1.5　Microwave Office 仿真功能器简介

Microwave Office 软件可以对射频电路和微波电路进行建模仿真，并完成射频微波电路及通信系统级的设计工作。在使用 Microwave Office 软件进行电路仿真时，会用到多种仿真功能器，主要包括 Default Linear、APLAC Linear、Harmonic Balance、APLAC-HB、APLAC AC-HB 和 APLAC Trans。

(1) Default Linear 是 Microwave Office 仿真工程中默认使用的线性仿真器，用于仿真电路的线性特性，例如端口参数、噪声、增益、稳定性分析等。

(2) APLAC 是基于 APLAC 算法的线性化仿真器，用于仿真电路的线性特性，例如 S 参数、增益、稳定性等。

(3) Harmonic Balance 用于仿真电路的非线性特性，通常被用于仿真分析功放电路、混频器电路等常见的非线性电路。

(4) APLAC-HB 是基于 APLAC 算法的谐波平衡仿真器，用于仿真分析电路的非线性特性。

(5) APLAC AC-HB 是基于 APLAC 算法的带有交流和谐波平衡仿真功能的仿真器，可以在仿真电路的非线性特性的同时观察其交直流特性。

(6) APLAC Trans 是基于 APLAC 算法的瞬态响应仿真器，用于仿真电路的瞬态特性。

1.6　搜索 Microwave Office 中的范例

同 ADS 软件一样，Microwave Office 软件也自带了很多不同的电路范例，几乎涵盖了大部分的射频电路级和系统级设计，能够方便快捷地帮助设计者快速熟悉和使用 Microwave Office 软件。

打开一个 Microwave Office 的仿真工程，在菜单栏的【File】选项下点击打开【Open Example...】，弹出如图 1.14 所示的对话框。

在下方的对话框中输入需要的电路名称，对话显示框会自动过滤出该电路的仿真案例，双击，即可在 Microwave Office 软件中打开该仿真实例。

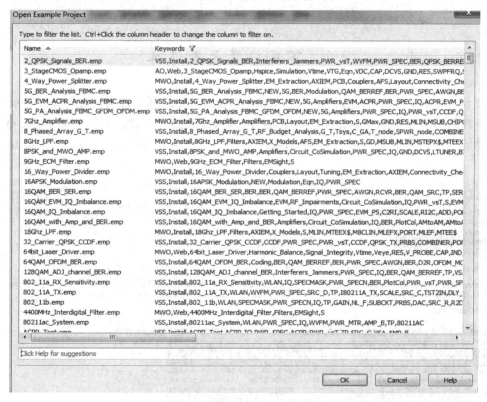

图 1.14　仿真案例

第 2 章　AWR 射频电路仿真基础操作

在使用 Microwave Office 软件进行射频电路设计时，经常会用到各种元器件：例如电容、电阻和电感等。如果使用 Microwave Office 软件中自带的理想元器件，会产生一定的结果偏差。如果需要提高仿真精度的时候，就会使用到实际元器件的模型进行电路仿真。AWR 公司整理了业内知名的元器件公司的元器件，并编辑成元器件库以供设计使用。

2.1　下载安装元器件库

登录 AWR 官方网站 http://www.awrcorp.com/cn，完成网上注册，如图 2.1 所示。在软件下载网页中单击"Component Libraries"，"sw_version"列中显示对应 Microwave Office 的软件版本，在其中找到对应的 Microwave Office 版本的元器件库，单击"download"下载。

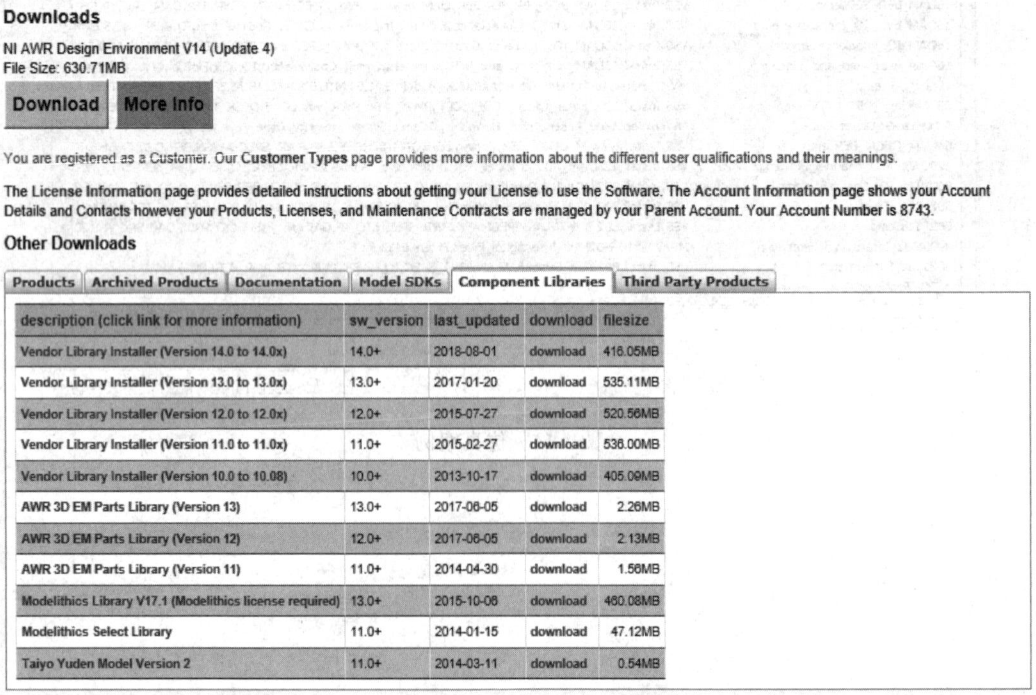

Downloads

NI AWR Design Environment V14 (Update 4)
File Size: 630.71MB

Download　More Info

You are registered as a Customer. Our **Customer Types** page provides more information about the different user qualifications and their meanings.

The License Information page provides detailed instructions about getting your License to use the Software. The Account Information page shows your Account Details and Contacts however your Products, Licenses, and Maintenance Contracts are managed by your Parent Account. Your Account Number is 8743.

Other Downloads

Products | Archived Products | Documentation | Model SDKs | **Component Libraries** | Third Party Products

description (click link for more information)	sw_version	last_updated	download	filesize
Vendor Library Installer (Version 14.0 to 14.0x)	14.0+	2018-08-01	download	416.05MB
Vendor Library Installer (Version 13.0 to 13.0x)	13.0+	2017-01-20	download	535.11MB
Vendor Library Installer (Version 12.0 to 12.0x)	12.0+	2015-07-27	download	520.56MB
Vendor Library Installer (Version 11.0 to 11.0x)	11.0+	2015-02-27	download	536.00MB
Vendor Library Installer (Version 10.0 to 10.08)	10.0+	2013-10-17	download	405.09MB
AWR 3D EM Parts Library (Version 13)	13.0+	2017-06-05	download	2.26MB
AWR 3D EM Parts Library (Version 12)	12.0+	2017-06-05	download	2.13MB
AWR 3D EM Parts Library (Version 11)	11.0+	2014-04-30	download	1.56MB
Modelithics Library V17.1 (Modelithics license required)	13.0+	2015-10-06	download	460.08MB
Modelithics Select Library	11.0+	2014-01-15	download	47.12MB
Taiyo Yuden Model Version 2	11.0+	2014-03-11	download	0.54MB

图 2.1　元器件库 AWR 官网下载

下载完成后与安装其他 Windows 软件类似，双击运行"VENDOR_LOCAL_13_0.exe"，弹出解压缩窗口，如图 2.2 所示。点击"Brow…se"按钮或者手动输入想要将元器件库解压缩到的文件夹目录，通常选择解压到 Microwave Office 的安装根目录下。如图 2.3 所示，点击"Unzip"按钮开始解压缩。元器件库包含当前世界上主流射频及模拟器件厂家提供的器件模型，因此解压缩操作会花费几分钟至几十分钟的时间。

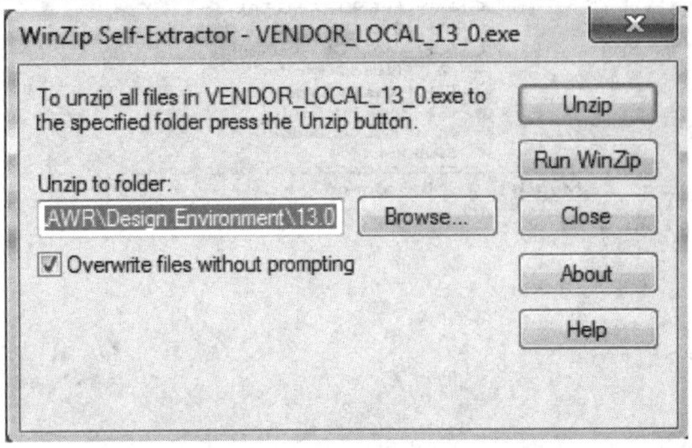

图 2.2　元器件库解压缩窗口

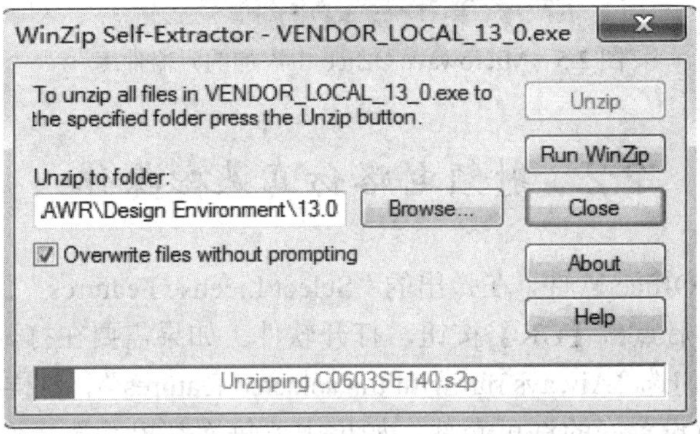

图 2.3　元器件库解压缩过程界面

　　解压完成后，在解压目录下生成"xml_local"文件夹，所有元器件库中的器件都解压缩至该文件夹中。然后打开 Microwave Office 软件的安装根目录"*:***\AWR\AWRDE\13\"下的"Library"文件夹，用记事本打开"lib.xml"文件，在相应位置加入一条"XML"语言命令"<FILE Name="MWO VENDOR LOCAL">C:\Program Files (x86)\AWR\xml_local\top_v13_local_MWO.xml</FILE>"，如图 2.4 所示。

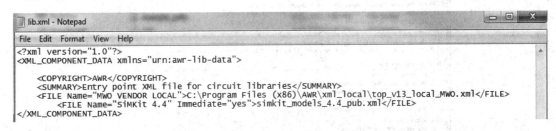

图 2.4　元器件库路径添加

　　打开软件，在"Element"窗口中单击"Libraries"项前的"+"按钮，所添加的元器件库按照不同分类列出来，如图 2.5 所示。

　　安装完元器件库，在电路设计仿真阶段，就可调用所加载的元器件进行仿真。

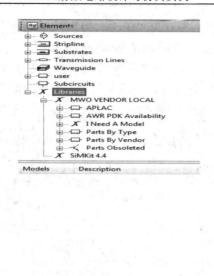

图 2.5　Microwave Office 中添加的元器件库

2.2　射频电路仿真基础操作

启动 Microwave Office 软件，在弹出的"Select License Features"窗口中勾选设计需要用到的仿真套件，然后点击【OK】按钮，打开软件。如果需要在打开软件时不显示选择许可套件的窗口，可勾选"Always run with the selected features"，这样在每次打开软件时，系统会默认选择之前设置好的许可套件。如果需要每次都提示选择许可套件窗口，勾选"Prompt for features when the application is run"即可。如果在上次启动软件时，已勾选"Always run with selected features"，但想要更换许可套件进行其他类型的电路仿真，此时需要打开软件，在菜单栏单击【File】菜单，选择【License】中的【Feature Setup】，选择后弹出如图 2.6 所示对话框。

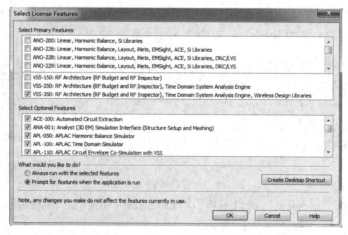

图 2.6　Microwave Office 软件许可套件选择对话框

1. 创建新的工程

在 Microwave Office 软件界面中执行菜单栏命令【File】→【New Project】，弹出新工程界面如图 2.7 所示。

图 2.7　Microwave Office 软件新建工程界面

2. 添加原理图

在新建的工程下，执行菜单栏命令【Project】→【Add Schematic】→【New Schematic】，弹出新建原理图命名窗口界面，如图 2.8 所示。输入框中可为原理图命名，用新的名字替换"Schematic 1"，如果不做修改，新建的原理图名称默认为"Schematic 1"。最后单击"Create"按钮创建新的原理图。

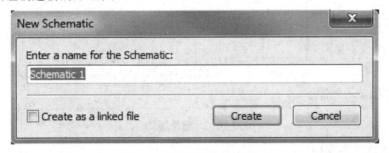

图 2.8　新建原理图命名窗口

在示例中，按照默认原理图名创建原理图，如图 2.9 所示。新建的原理图位于"Project"界面中的"Circuit Schematics"分支树下。新建原理图的工作界面默认出现在 Microwave Office 软件界面右侧的空白区域，在工作界面窗口右上侧有 3 个按钮，可以对其进行最小化、最大化和关闭操作。

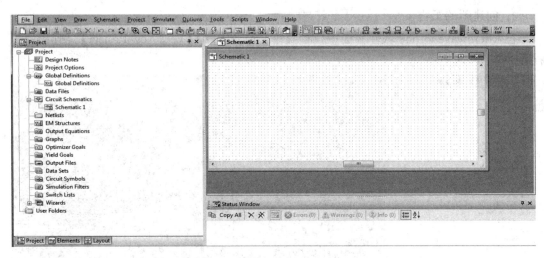

图 2.9　原理图窗口

3. 添加元器件

Microwave Office 软件中所有的器件都放在"Elements"浏览界面中，可以从中找到需要的元器件将其添加至原理图中。比如，以添加理想的集总电容为例，在"Elements"浏览界面中展开"Lumped Element"，点击电容类器件"Capacitor"，如图 2.10 所示。在左下方的分浏览界面中将理想集总电容元器件"CAP"拖曳至原理图中。

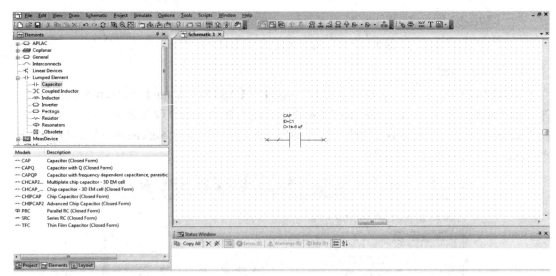

图 2.10　元器件添加

4. 创建仿真结果窗口

创建仿真结果窗口有三种常见的操作方法：第一种是在"Project"浏览界面中，选中"Graph"右键单击，再选择"New Graph…"单击，如图 2.11 所示。第二种是在菜单栏中点击【Project】，然后选择【Add Graph】进行仿真结果视图添加。第三种是点击快捷工具栏中的快捷操作按钮，然后会弹出仿真结果视图创建窗口，如图 2.12 所示，在"Enter a name for the Graph"栏目中输入仿真结果窗口的名称,在"Select the desired type:"窗口中勾选自己想要的仿真结果显示类型。Microwave Office 可以创建八种类型的仿真结果视图,下面对其依次进行介绍。

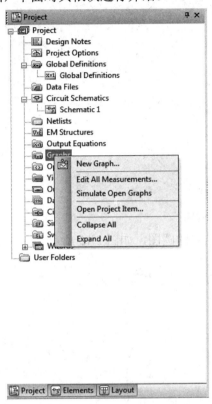

图 2.11　新建仿真结果　　　　　　　　　　　　图 2.12　新建仿真结果类型窗口

(1) Rectangular 类型视图:Rectangular 类型的结果视图是常见的矩形显示界面,如图 2.13 所示,是由 X 轴与 Y 轴组成的标准矩形视图。

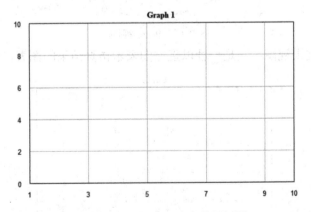

图 2.13　Rectangular 仿真结果视图

(2) Smith Chart 圆图:Smith Chart 圆图是射频微波工程中最重要的一类圆图,如图 2.14 所示。

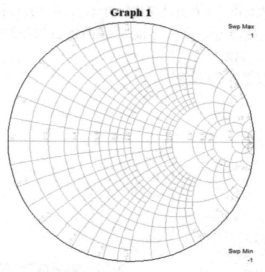

图 2.14　Smith Chart 圆图

(3) Polar 结果视图：这是一种极坐标表示仿真结果的圆图，如图 2.15 所示。

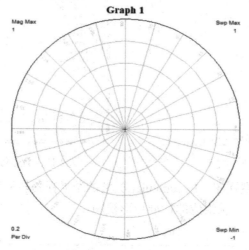

图 2.15　Polar 视图

(4) Histogram 结果视图：这是一种以直方图表示仿真结果的图表，如图 2.16 所示。

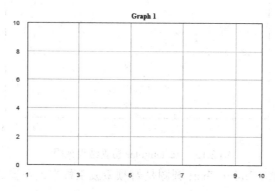

图 2.16　Histogram 结果视图

（5）Antenna Plot 结果视图：这是天线设计中常用的一种图表，可以方便查看天线的性能指标，包括 E 面、H 面方向图、增益图等，如图 2.17 所示。

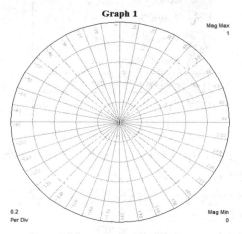

图 2.17　Antenna Plot 结果视图

（6）Tabular 结果视图：一种用表格的方式显示仿真测试的结果，通常第一列数据显示的是频率变量，后续列数据显示的是测试数据。

（7）Constellation 星座图：用于显示复数信号的实部和虚部，通常这些信号都是隐含时间参数的，如图 2.18 所示。水平轴显示的是信号的实部，垂直轴显示的是信号的虚部。水平轴和垂直轴都有最小值和最大值。默认情况下，星座图会显示信号分离的点，星座图对于显示通信系统中常见的 IQ 信号，非常直观。

（8）3 D Plot 结果视图：这是用三维方式显示仿真结果的图表，通常采用笛卡尔坐标系，如图 2.19 所示。

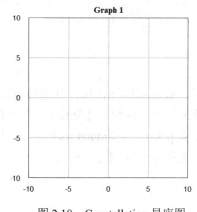

图 2.18　Constellation 星座图

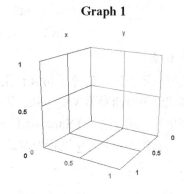

图 2.19　3 D Plot 结果视图

以上是 Microwave Office 中常见的 8 种结果视图，基本涵盖了所有射频电路和通信系统的仿真结果显示类别，同时也包括天线的仿真。

5. 添加仿真测试结果

在新建的仿真结果视图中点击鼠标右键，在出现的窗口中选择"Add New Measurement..."，如图 2.20 所示。

图 2.20　创建仿真测试结果

　　在弹出的仿真测试结果窗口中设置相应的参数，包括测试类型、测试的数据源、端口参数、仿真器和测试结果的单位，如图 2.21 所示。

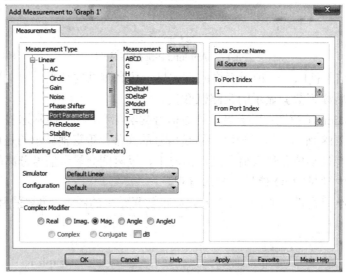

图 2.21　仿真结果类型选择窗口

6. 运行仿真

　　当完成原理图设计，创建了仿真结果视图后，就可以运行仿真，观察仿真测试结果。运行仿真测试结果有两种常见的方法：第一种是在菜单栏中执行【Simulate】→【Analyze】进行电路级仿真，或者选择【Simulate】→【Run/Stop System Simulators】进行系统级仿真；第二种是在工具栏中点击 ⚡ 进行电路级仿真，点击 🔋 进行系统级仿真。

第 3 章 阻抗匹配电路设计

3.1 引 言

信号在传输的过程当中，为实现信号的无反射传输或最大功率传输，要求电路实现阻抗匹配，阻抗匹配的好坏关系着系统的整体性能。在射频设计领域，常见的阻抗匹配包括各级放大电路之间、放大电路与负载之间、信号与传输电路之间、模块与模块之间的阻抗匹配等等。无论高频还是低频，无论是有源电路还是无源电路，都必须考虑阻抗匹配问题。为了实现源端和负载端的阻抗匹配，必须在电路之间添加一个匹配网络，减少信号的损失。在大多数情况下，射频电路拥有固定的系统阻抗(50 Ω、75 Ω 等)，其中50 Ω 的应用最为广泛。

本章将简要介绍阻抗匹配的基本原理，涵盖 Microwave Office 软件的阻抗匹配工具 iFilter Filter Synthesis 工具和 TXLINE 工具，并通过实例演示如何使用工具进行阻抗匹配设计。

3.2 阻抗匹配基础原理

阻抗匹配的思想是通过一个匹配网络，实现信号尽可能无失真的传递到负载端，具体地就是阻抗从源端 Z_S 变换到负载端 Z_L，此时负载端可以获得最大的输出功率，匹配网络消耗的功率最小，如图 3.1 所示。匹配网络的拓扑和实现方式也是多种多样的，按照拓扑结构可以划分为 LC 型、T 型、PI 型等；按照实现方式可以划分为 LC 分离器件网络、微带电路网络以及混合电路网络等。通常情况下，对于低频电路(频率小于 500 MHz)的电路，用分离器件实现匹配网络的居多，频率大于 500 MHz 的电路，通常采用微带和分离器件组成的混合电路。当频率继续上升到毫米波以上时，由于分离器件的寄生效应非常明显，已经不能在如此高的工作频率下工作，这时采用微带电路组成的匹配网络居多。

图 3.1 阻抗匹配

在设计匹配网络时，除了考虑源端和负载端的阻抗匹配外，还需要考虑一些其他因素。

(1) 简单性：由于匹配网络的拓扑结构众多，如果能够在满足要求的情况下，选择一个简单的拓扑结构比选择一个复杂的拓扑结构更有效，简单的电路往往使用较少的器件，选择简单拓扑结构的电路降低了电路的成本，同时也提高了电路的一致性。

(2) 带宽：理想情况下，任何类型的匹配网络都可以在一个信号频率上给出完美的匹配(零反射)，但在实际应用中，匹配网络的工作频带会受到各种条件的限制，因而匹配网络只有一定的工作带宽。

(3) 可实现性：设计匹配网络时，必须考虑器件的可实现性和微带的可加工性。通常情况下，阻容感都是一系列分离的器件，必须选择市面上可购买到的阻容感器件进行匹配设计，若是匹配网络中包含微带，需考虑 PCB 制造商的加工精度。

通常在设计匹配网络时，有两种常用的方法：第一种是解析法，根据求解目标，通过复杂的理论计算，求解各个元器件的参数；第二种是应用计算机辅助的 Smith 圆图解法，该方法简单快捷，并能够根据不同的设计目标，及时调整匹配网络的拓扑结构，受到设计人员的推崇。

Smith 圆图既可以用于集中参数匹配，也可以用于传输线匹配。Smith 圆图主要由阻抗圆图和导纳圆图两部分组成，阻抗圆图包括一系列等电阻曲线簇和等电抗曲线簇，导纳圆图包括一系列等电导曲线簇和等电纳曲线簇，如图 3.2 所示。任意一个阻抗点都可以映射到 Smith 圆图的某一位置，为了更清楚的展示 Smith 圆图在匹配网络设计过程中的应用，先做一个简单的示范。若在 Smith 圆图中存在一个任意的复数负载阻抗 Z1，并将其作为参考点，当向其并联一个电容时，该参考点将沿着等电导曲线向 Smith 圆图的下半圆方向移动；当向其串联一个电容时，参考点将沿着等电阻曲线向 Smith 圆图的下半圆方向移动；当向其并联一个电感时，参考点将沿着等电导曲线向 Smith 圆图的上半圆方向移动；当向其串联一个电感时，参考点将沿着等电阻曲线向 Smith 圆图的上半圆方向移动。移动的距离取决于工作频率和元件值的大小。当参考点移动到新的位置后，新的位置就成为参考点，继续添加元器件，参考点就将在新的位置上面进行相似的移动，直到参考点移动到所设置的源端阻抗点，就完成了整个匹配网络的初始设计。当然，在宽带产品设计中，还需要关注等 Q 曲线，为了尽量减少不恰当的匹配网络对设计带宽的限制，通常需要设定一个目标 Q 值，尽可能使得匹配网络的运动轨迹都在等 Q 值曲线以内。Q 值越小，相应的匹配网络的带宽也会越宽，其匹配网络的复杂程度也会相对较高。

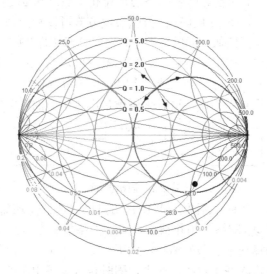

图 3.2　Smith 圆图

3.3　iFilter Filter Synthesis 介绍

打开 Microwave Office 软件，依次选择【Project】→【Wizards】→【iFilter Filter Synthesis】，弹出新的对话框，如图 3.3 所示。包含 Design、Synthesis 和 Matching 三种设计方式，第一个和第二个主要应用于滤波器的设计，不在本章的示例范围，本章主要介绍用于匹配网络设计的 Matching 功能。

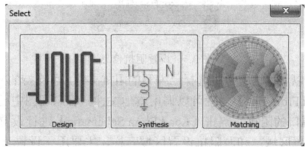

图 3.3　iFilter 对话框

鼠标左键单击 Matching，进入到匹配网络的端口设置界面，为了方便描述，简单地将界面分为四个区域，如图 3.4 所示。

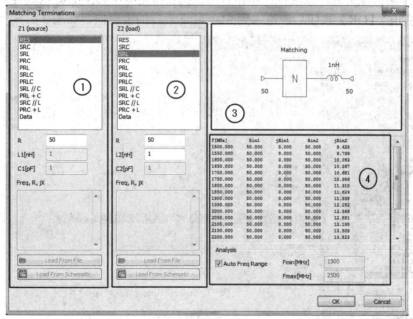

图 3.4　阻抗匹配设置界面

这四个区域分别为：

(1) 源阻抗(Source)设置区域：根据已知的源端阻抗，选择阻抗的表现形式。比如已知源端的电阻、电感、电容的值，先选择好阻抗的类型，然后在 R、L1[nH]和 C1[pF]对应的区域设置相应的值，如图 3.4 所示。Microwave Office 软件也支持文本格式的输入，选择 Data，按照 Freq，R，jX 的格式输入到下面的对话框中即可。比如，已知源端阻抗为

Z1=(5+j*5)Ω，频率为 2000 MHz 时，阻抗则可按照如图 3.5 所示格式输入，软件默认的频率单位是 MHz。

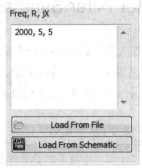

图 3.5　设置阻抗信息

除此之外，还可以从本地文件中选择已编写的阻抗文件，可支持的文件后缀格式为 .s1p 和 .s2p，点击【Load From File】，就可以调用本地文件。若原理图中已经设置好阻抗，也可以选择原理图中端口的阻抗，点击【Load From Schematic】进行设置即可。

(2) 负载阻抗设置区域：和源阻抗设置区域一样，主要用于设置负载端的阻抗条件。

(3) 电路图预览区：显示源端阻抗、负载阻抗以及中间的匹配网络，当更改源端阻抗或负载端阻抗时，该区域将自动更新，便于查看端口阻抗是否设置正确。

(4) 频率阻抗预览区：该区域显示输入的阻抗在特定频率范围的变化趋势。

点击界面的【OK】按钮后，进入到 Matching 设计的主窗口，如图 3.6 所示。

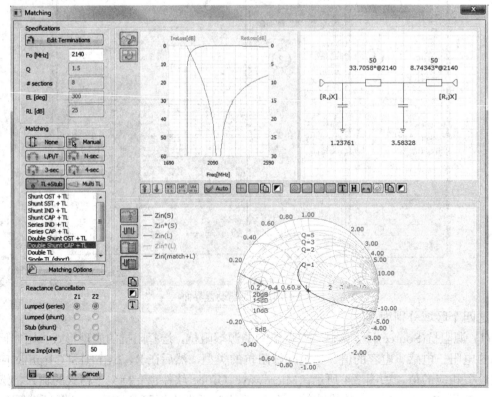

图 3.6　阻抗匹配设置

该界面包含大量的匹配电路拓扑结构以及对应阻抗匹配网络的电路特性，下面进行详细的介绍。

(1) 基础信息设置：如图 3.7 所示，该部分主要用于设置电路的工作频率、品质因素、电路阶数、电长度以及回波损耗。注意，并不是所有参数在任何情况下都可以设置，这取决于所选择的匹配网络的拓扑结构。

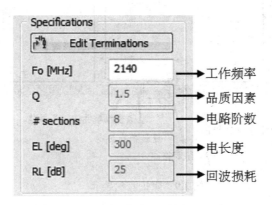

图 3.7　匹配电路基础信息设置

(2) 常用匹配电路的拓扑结构：Microwave Office 软件列举了常用的匹配网络拓扑结构，用户只需要选择合适的拓扑结构类型，软件将自动完成匹配网络的设计过程，并给出相应元器件的大小。若用户需要设计自己的拓扑结构，也可以选择手动模式 Manual，搭建其他形式的匹配网络拓扑，如图 3.8 所示。

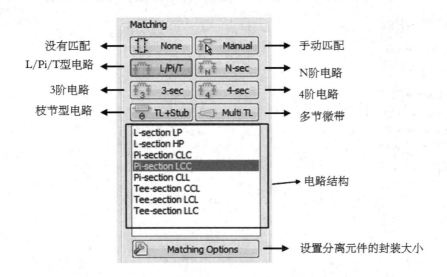

图 3.8　匹配电路类型设置

(3) 频率响应区和匹配电路预览区：主要用于显示所应用到的匹配电路元器件值以及匹配网络在工作频率内的响应曲线，如图 3.9 所示。

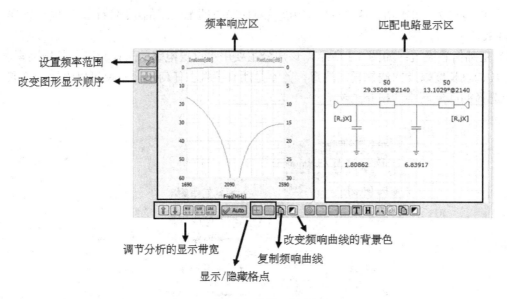

图 3.9 阻抗匹配显示

(4) Smith 圆图区：该区域可以查看匹配网络在 Smith 圆图上面的运动轨迹，如图 3.10 所示。

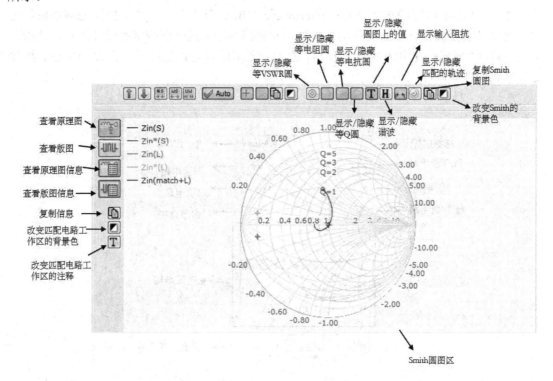

图 3.10 Smith 圆图阻抗匹配显示界面

设置完成后，点击【OK】按钮，进入到下一个设置界面，如图 3.11 所示。该界面可查看匹配网络不同的射频特性，如插损与回波损耗、群时延和相位等。

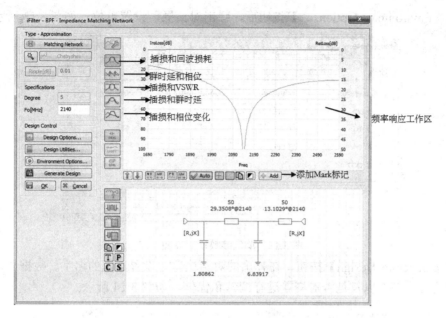

图 3.11　阻抗匹配预览界面

若是匹配网络中包含传输线，可以点击【Design Options…】按钮，设置一些传输线规则以及板材参数等，如图 3.12 所示。

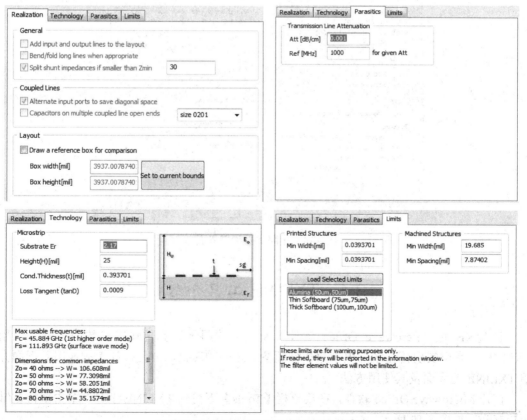

图 3.12　阻抗匹配的传输线参数设置界面

点击【Environment Options…】按钮后，弹出对话框，设置单位，如图 3.13 所示。

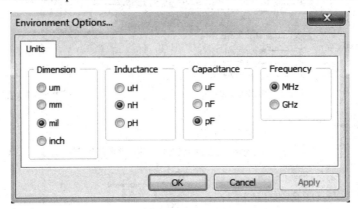

图 3.13　单位参数设置界面

点击【Generate Design】按钮，在弹出的对话框里，设置工程的名字、数据显示的类型、电路的工作频率以及是否对变量进行调谐和优化，如图 3.14 所示。

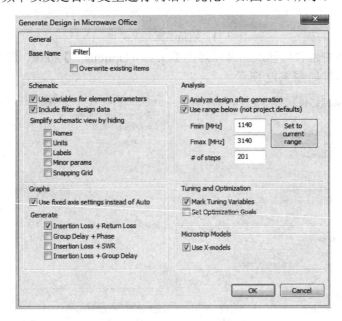

图 3.14　电路参数设置界面

3.4　TXLINE 工具介绍

TXLINE 是 Microwave Office 软件开发的一款用于计算传输线参数的工具。应用 TXLINE 工具可实现传输线的电参数和物理参数之间的转换，方便设计者的使用，下面介绍 TXLINE 的界面及其使用方法。

打开 Microwave Office 软件，在菜单栏【Tools】下找到 TXLINE 工具，单击鼠标左键选择打开，如图 3.15 所示。

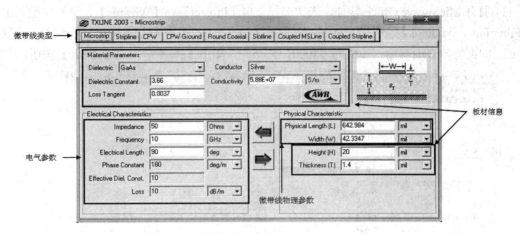

图 3.15　TXLINE 小工具

TXLINE 界面包含以下几个部分：

1. PCB 的板材参数

(1)【Dielectric】介质基片的板材材料。

(2)【Dielectric Constant】微带线介质基片的介电常数。

(3)【Conductor】微带线导体材料。

(4)【Conductivity】微带线导体材料的导电率。

(5)【Loss Tangent】微带线的损耗角正切。

2. 电气特性参数

(1)【Impedance】微带线的特性阻抗。

(2)【Frequency】微带线工作频率。

(3)【Electrical Length】微带线的电长度。

3. 物理尺寸参数

(1)【Physical Length】微带线的长度。

(2)【Width】微带线的宽度。

(3)【Height】微带线的介质基片厚度。

(4)【Thickness】微带线的导体材料的厚度。

4. 微带线的计算按钮，点击下面的按钮，可计算微带线的参数

(1) ⬅ 由微带线的物理尺寸参数计算微带线的电气特性参数。

(2) ➡ 由微带线的电气特性参数计算微带线的物理尺寸参数。

3.5　利用设计向导进行匹配电路的设计

正如 4.3 节的介绍，Microwave Office 软件包含许多常见的拓扑结构，下面来介绍如何用软件自带的拓扑结构设计所需的阻抗匹配电路。

设计目标：源阻抗 Zs = 50 Ω，负载阻抗 = 5+j*5 Ω，频率为 2000 MHz。

(1) 打开 Microwave Office 软件，依次选择菜单【Project】→【Wizards】，鼠标左键双击【iFilter Filter Synthesis】，选择 Matching，设置 Z1(source)的类型为电阻 RES，R=50 Ω，设置 Z2(load)的类型为 Data，输入参数为"2000，5，5"，如图 3.16 所示，点击【OK】按钮。

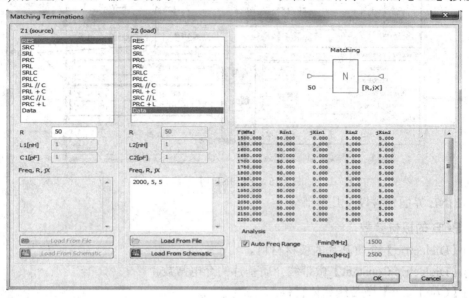

图 3.16　阻抗匹配显示界面

(2) 设置 Fo 的频率为 2000 MHz，在【Matching】匹配拓扑栏下选择 L/Pi/T 拓扑，选择 Pi-section CLC 电路。点击 按钮，可以查看匹配电路的轨迹，点击 按钮，可以在从源端看向负载端的运动轨迹和从负载端看向源端的运动轨迹之间进行切换，点击【OK】按钮完成设置，如图 3.17 所示。

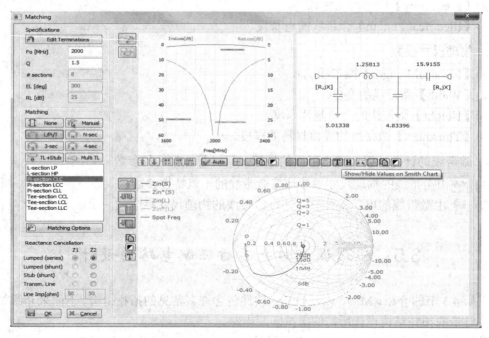

图 3.17　阻抗匹配显示界面

（3）接着软件进入到下一个界面，如图 3.18 所示。在该界面点击【Generate Design】，然后在弹出的窗口中给原理图命名为"automatch"，在 Analysis 栏下设置求解频率为 1600～2400 MHz，在 Tuning and Optimization 区域勾选【Mark Tuning Variables】和【Set Optimization Goals】，点击【OK】按钮完成设置，如图 3.19 所示。

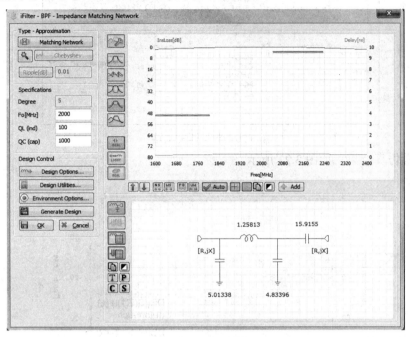

图 3.18　阻抗匹配优化

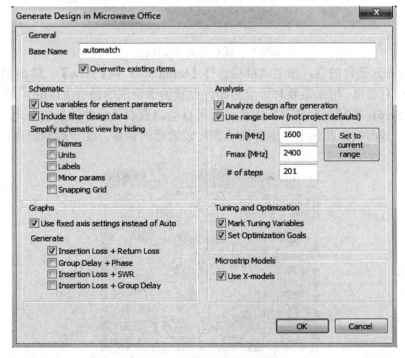

图 3.19　阻抗匹配电路生成

(4) 查看生成的原理图，如图 3.20 所示。

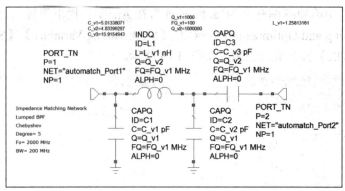

图 3.20　阻抗匹配电路

(5) 查看仿真结果，如图 3.21 所示。

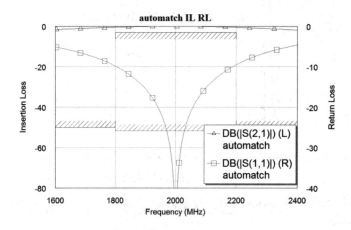

图 3.21　阻抗仿真结果优化

(6) 调谐各元器件的值，在主菜单栏选择【Simulate】→【Tune】，弹出如图 3.22 所示的变量调谐对话框。根据需要对每个元器件设置调谐范围的最小值(Min)、最大值(Max)和调谐步进(Step)，拖动刻度条上面的滑块就可以动态查看该元件的参数变化对匹配电路的性能影响，进而找出匹配电路中对性能变化较敏感的器件，便于后期快速地优化电路性能。

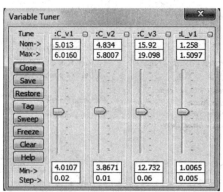

图 3.22　电路调试界面

3.6　小　　结

　　本章首先介绍了射频电路中非常重要的基本概念——阻抗匹配，可以说阻抗匹配贯穿在射频电路设计大部分的过程中，学习如何正确的使用工具进行电路阻抗匹配是射频电路设计的核心。结合 Microwave Office 软件中的 iFliter Filter Synthesis 向导功能，我们可以非常轻松地完成射频电路的阻抗匹配。该向导功能十分强大，不但可以使用常用的集总元器件，也可以使用微带线进行阻抗匹配，同时软件还包含了能调谐元器件参数的功能，将调谐好的电路参数直接生成原理图，极大地提高了设计人员的工作效率。

第 4 章　滤波器设计实例

在射频电路与系统中，滤波器是一种常见器件。滤波器顾名思义是滤除杂波的器件。通常，为了保留有用的信号而滤除无用的杂散或者干扰，就必须在电路的不同位置加入不同特性的滤波器，使得信号能够尽可能无失真的被重现，从而保证系统接收到高可靠性和高质量信号。目前存在较多种类的滤波器，滤波器按照功能分为低通滤波器、高通滤波器、带通滤波器和带阻滤波器。按照滤波器本身的滤除特性，可以分为切比雪夫滤波器、椭圆滤波器、巴特沃斯滤波器、贝塞尔滤波器等。

4.1　滤波器基本原理

滤波器的基本单元是谐振电路，只要将谐振电路进行组合，就可实现不同特性的滤波器。常见的滤波器主要有四类，低通滤波器、高通滤波器、带通滤波器和带阻滤波器。按照滤波器的实现方式来分，由电容、电感等分离元件构成的滤波器被称为集总参数滤波器，由不同类型传输线构成的滤波器被称为分布式参数滤波器。按照是否包含有源器件对滤波器进行分类，又可分为无源滤波器和有源滤波器。

滤波器的主要指标：

(1) 3 dB 带宽：3 dB 带宽通常用来表征滤波器的工作带宽。具体是指从通带内的最小插入损耗到低于最小插入损耗 3 dB 的频率范围。

(2) 插入损耗(IL)：当信号通过滤波器后，信号总会存在一定程度的损耗，为了表征不同滤波器对信号的损耗程度，将其命名为插入损耗。

(3) 截止频率：截止频率主要是指输入信号通过滤波器后衰减到一定数值时的频率。通常指从滤波器的通带增益算起，下降 3 dB 时对应的频率。

(4) 回波损耗：回波损耗表示输入信号功率和反射功率之比，通常用 dB 表示，可用于表示滤波器的端口电路的匹配程度。

(5) 带内纹波：通带内插入损耗的波动值，即通带内最大衰减值与最小衰减值之间的差值，带内纹波越小越好。

(6) 带外抑制：该指标主要用于表征滤波器对带外杂散信号的抑制能力，滤波器的带外抑制越大，表示对带外信号衰减得越多，滤波器性能越好。

(7) 矩形系数：矩形系数是表征滤波器在截止频率附近的频率响应曲线的陡峭程度，通常定义为 60 dB 带宽与 3 dB 带宽的比值，因此矩形系数是一个大于 1 的数。当矩形系数越接近于 1，即滤波器的过渡带越窄，对带外信号的抑制度也越大。

4.2　LC 分离元件滤波器设计

本节我们使用 Microwave Office 软件中的滤波器功能设计向导对分离器件的滤波器进行设计仿真。以其中的切比雪夫型低通滤波器为例进行示例讲解。

(1) 运行 Microwave Office 软件,进入到主窗口后,点击菜单栏的【File】→【Save Project As...】,将工程保存为"Filter Design", 如图 4.1 所示。

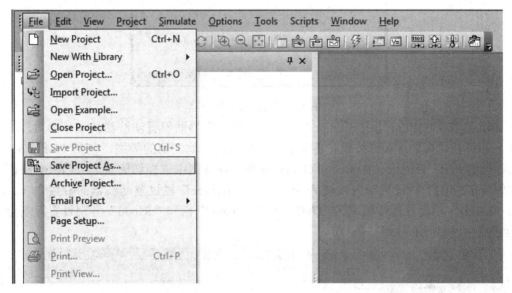

图 4.1　新建工程界面

(2) 在左侧【Project】栏里面选中设计向导【Wizards】→【iFilter Filter Synthesis】并双击鼠标左键打开。在弹出的选项框中选择第一个 Design 栏,如图 4.2 所示。

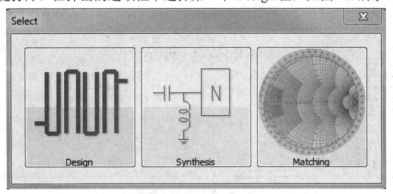

图 4.2　滤波器设置向导

(3) 在弹出的对话框中选择所设计滤波器的类型,在"Passband"中可供选择的类型包括低通、高通、带通、带阻。在实现方式上选择分离式元件"Lumped",点击【OK】按钮,如图 4.3 所示。

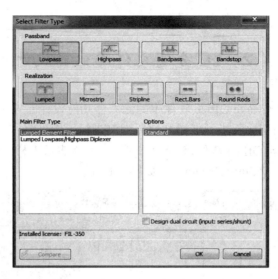

图 4.3　分离器件滤波器

(4) 接着在"iFilter-LPF-Lumped Element Filter"界面设置滤波器的设计参数，如图 4.4 所示，点击 Chebyshev 按钮，将弹出对话框，选择滤波器的类型，包括 Chebyshev、Maximally Flat、Euiptic、Bessel 和 Gaussian 等。在本例中选择切比雪夫"Chebyshev"，在"Ripple[dB]"栏设置带内纹波为 0.01，在"Degree"栏设置滤波器的阶数为 6，在"Fp(MHz)"栏设置通带频率为 3700，在"Rsource"栏和"Rload"分别设置源端阻抗和负载端阻抗为 50 欧姆。

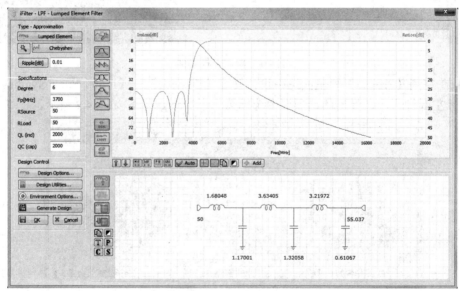

图 4.4　滤波器设置界面

(5) 点击【Generate Design】生成对应的滤波器原理图，在弹出的界面下面设置原理图的名称"iFilter"。注意需勾选"Tuning and Optimization"下的"Mark Tuning Variables"，以便后期进行调谐优化，点击【OK】完成原理图和结果显示图表的自动创建，如图 4.5 所示。

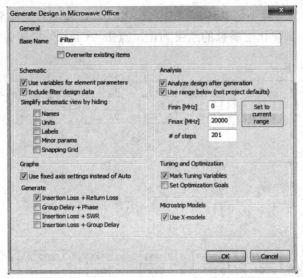

图 4.5　滤波器电路生成界面

(6) 查看生成的原理图，在【Circuit Schematics】下选择【iFilter】，对原理图中的元器件值进行修改，只保留一位小数即可，如图 4.6 所示。

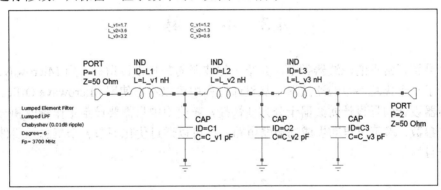

图 4.6　滤波器电路

(7) 点击仿真运行按钮 ⚡，可查看运行结果如图 4.7 所示。

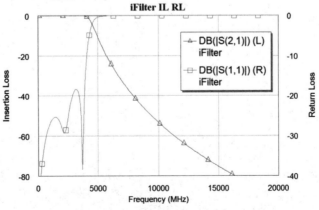

图 4.7　滤波器仿真结果

(8) 点击快捷工具栏中的 🖥 按钮，弹出变量调谐对话框，如图 4.8 所示。设置好每个变量的最大值"Max"，最小值"Min"和步进"Step"，移动对应的滑块，相应的仿真结果也会随之变化，直到优化出满意的结果为止，点击"Close"按钮关闭窗口。

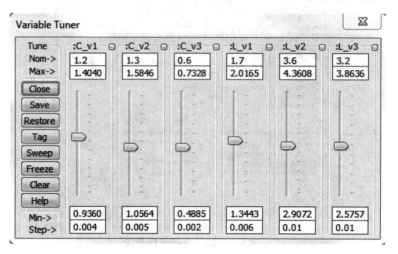

图 4.8   电路调试界面

4.3   小   结

本章讲解了常见的滤波器类型，介绍了滤波器的常见设计指标。用 Microwave Office 软件设计了一个集总参数的滤波器。从设计过程中可以看出使用 Microwave Office 软件自带的滤波器设计向导设计滤波器十分方便快捷，在使用中只需要设定工作频段和一些需要的滤波器参数，就可以自动生成滤波器电路，并可以通过优化调节各个集总元器件的值以达到设计目标。

第 5 章　低噪声放大器设计

人们已经进入到电子信息时代，对数据量的需求呈现爆发性的增长，这就对无线通信系统提出了更高的要求，例如更大的覆盖范围、更小的信号延时、更好的信号质量和更多的同时在线用户数量等。低噪声放大器位于整个通信系统的前端，通常天线接收到的信号功率等级很小，无法被直接解调成所需要的数据，在这中间就需要加入低噪声放大器对天线接收到的微弱信号进行放大并保证较小的噪声干扰。

5.1　低噪声放大器基础理论

5.1.1　基础概念

放大器可以分为高增益放大器、中功率放大器、高功率放大器和低噪声放大器。放大器按照导通角由大到小可以分为 A 类、B 类、C 类和 D 类。其中 A 类放大器具有较小的谐波分量、较小的信号失真、较低的噪声以及较高的增益等优点，通常用于接收机前端，目的是放大天线接收的无线信号，或者用于功率放大器的前端，保证小功率信号的信号质量。低噪声放大器除了对信号进行放大之外，最重要的就是保证引入的噪声尽量小，同时也要保证一定的灵敏度，从而满足系统最低的接收信号功率等级。

5.1.2　低噪声放大器的主要技术指标

(1) 频率范围：由于放大器是频响器件，其性能随着工作频率变化而变化。低噪声放大器的工作频率是电路设计需要明确的前提条件。

(2) 增益：放大器需要保证将输入信号进行一定的功率放大，从而易于被后级电路接收。增益是低噪声放大器的主要指标，用于评估电路需要经过几级放大和选择相应的器件型号。

(3) 噪声系数：放大器的噪声系数是输入信号的信噪比与输出信号的信噪比的比值，表示接收的信号经过放大器后信号质量恶化的程度。通常链路的前级放大器对整个系统的噪声影响最大，因此链路的前端必须做低噪声设计。

(4) 动态范围：放大器的线性工作范围。放大器的线性动态范围表征信号的线性动态放大范围，最小信号输入功率是系统中能够识别的最小功率等级的信号，即为接收灵敏度，最大信号输入功率是放大器在能够保证最小的谐波分量情况下，即引起 1dB 压缩的输出功率。动态范围直接影响系统的可通信距离。

5.2　低噪声放大器设计与仿真实例

首先从器件官网上下载低噪声放大器的 S 参数文件，本示例中使用的是 Qorvo 的 TQP3M9037 低噪声放大器，该低噪声放大器可以支持 0.7 GHz 到 6 GHz 的信号。

1. 建立工程

(1) 运行 Microwave Office 软件，软件启动后弹出 Microwave Office 的主窗口，软件启动后默认是新建的工程界面。

(2) 执行菜单命令【File】→【Save Project As...】，与 Windows 系统保存文件操作相同，在弹出的保存工程目录对话框选择工程文件的存放目录，这里将工程保存在"C：\Users\Default\LNA"文件夹中，其中在"File Name"对话框中输入工程名为"LNA.emp"，在"Save As Type"对话框中选择"Project Files(*.emp)"工程类型，如图 5.1 所示。

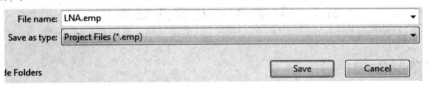

图 5.1　保存工程

(3) 单击【Save】按钮，完成保存工程。

(4) 更改初始仿真环境单位。在仿真工程建立完成后需要对之后仿真工程中会用到的单位进行设置，在菜单栏【Option】下点击【Project Option...】，在弹出的对话框选择"Global Units"栏，如图 5.2 所示进行设置。

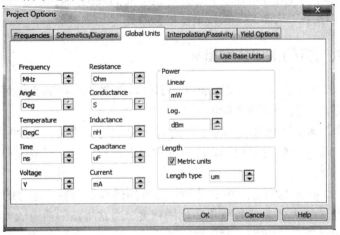

图 5.2　全局单位设置

2. 低噪声放大器设计仿真

(1) 导入器件 S 参数。在新创建的工程中右键点击【Project】浏览器中的【Data Files】，选择"Import Data File..."，在弹出的对话框中找到本地下载的器件 S 参数，点击"Open"

按钮，如图 5.3 所示。

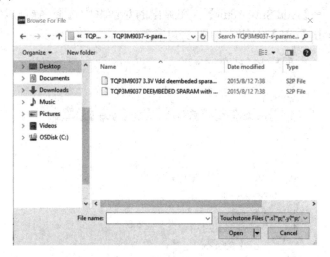

图 5.3 添加器件 S 参数

(2) 修改仿真频率。在【Project】浏览界面中双击【Project Options】，在弹出的对话界面选择【Frequencies】，将工程仿真频率更改为 1.5 GHz 到 2 GHz，步进设置为 0.01 GHz，点击 "Apply" 按钮，在左侧 "Current Range" 栏目下显示出更改的工程仿真频率。然后点击【OK】按钮，完成工程仿真频率的更改，如图 5.4 所示。

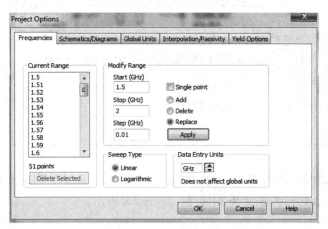

图 5.4 更改工程仿真频率

(3) 创建原理图。在【Project】浏览界面中单击【Circuit Schematics】，选择其中的 "New Schematic…"，在弹出的对话框中输入原理图名称 LNA，点击 "Create" 按钮完成原理图创建，如图 5.5 所示。

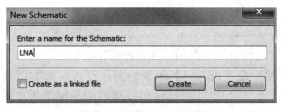

图 5.5 创建 LNA 原理图

(4) 在新建的 LNA 原理图中插入器件 S 参数模型。打开新建的 LNA 原理图，点击工具栏中的【Draw】→【Add Subcircuit】，在弹出的对话框中选择之前已经添加进工程的器件 S 参数，然后点击【OK】按钮，如图 5.6 所示。

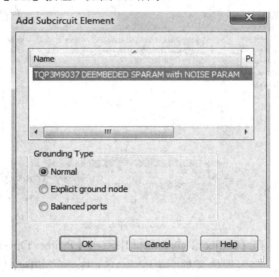

图 5.6　插入器件 S 参数模型

插入好的器件 S 参数模型如图 5.7 所示。

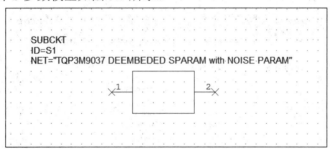

图 5.7　器件 S 参数原理图模型

(5) 在器件模型两端加入 50 欧姆的 PORT 端口。点击菜单栏【Draw】→【Add Port】，在原理图中加入 Port 端口并按照下图连接，如图 5.8 所示。

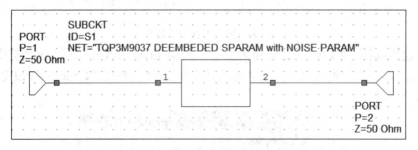

图 5.8　添加 Port 端口

(6) 添加测试结果图，在【Project】浏览界面，点击鼠标右键选择【Graphs】，点击其中的 "New Graph…"，在弹出的对话框中按照下图选择结果视图类型，并将结果视图命名为 "RL_LNA"，然后点击 "Create" 按钮创建结果视图，如图 5.9 所示。

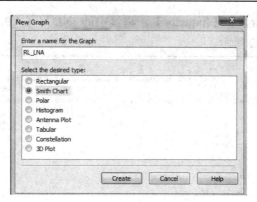

图 5.9　创建结果视图

在新建的结果视图中添加测试项，如图 5.10 所示。

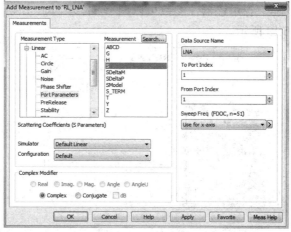

图 5.10　添加测试项

（7）运行仿真。观察仿真结果，发现端口的驻波不好，离 50 ohm 较远。通过 Smith 圆图可知，需要增加串联电感，再并联电容以改善端口的驻波特性，如图 5.11 所示。

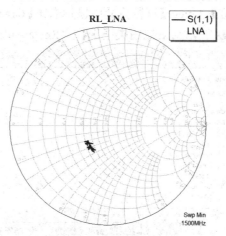

图 5.11　初始仿真结果

（8）回到 LNA 原理图中，在 Port1 和器件模型中间插入集总电感和集总电容。插入集总电感，在【Element】浏览界面中的【Circuit Elements】下展开【Lumped Element】，分别点市其中的【Capacitor】和【Inductor】，将其中的 IND 和 CAP 元件拖入原理图并按照下图进行连接，如图 5.12 所示。

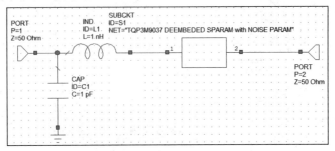

图 5.12　插入集总器件

(9) 点击工具栏中的调试工具图标 ，然后再点击集总元件的容值和感值，此时元件的容值和感值参数会高亮，表示该器件参数可以调节。打开 "RL_LNA" 结果视图，点击 进行参数调节，如图 5.13 所示。

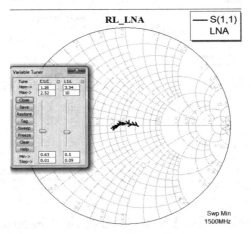

图 5.13　调节参数

(10) 新建结果视图。在【Project】浏览界面中鼠标右击【Graph】，点击【New Graph...】，将结果视图命名为 "S_LNA"，结果视图类型选择 "Rectangular"，如图 5.14 所示。

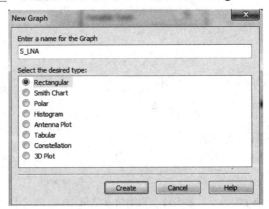

图 5.14　新建 S 参数结果视图

(11) 在新建的结果视图中添加测试项。在 S 参数测试项右侧选择不同的端口，点击

"Apply"按钮进行双端口 S 参数测试项添加，如图 5.15 所示。

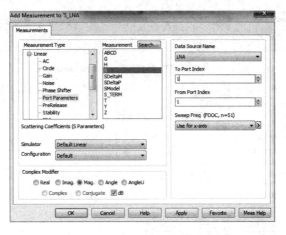

图 5.15　添加双端口参数测试项

(12) 在工具栏点击 $\frac{g}{2}$ 按钮运行电路仿真。观察仿真结果，看到输入端口驻波小于-18 dB，增益大于 20 dB，隔离度大于 29 dB，如图 5.16 所示。

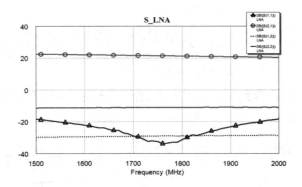

图 5.16　低噪声放大器电路 S 参数仿真

(13) 噪声系数仿真。创建一个新的结果视图，将结果视图命名为"NF_LNA"，视图类型为"Rectangular"，如图 5.17 所示。

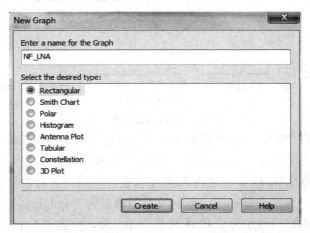

图 5.17　噪声系数仿真结果视图

(14) 在新的结果视图中添加噪声系数测试项，如图 5.18 所示。

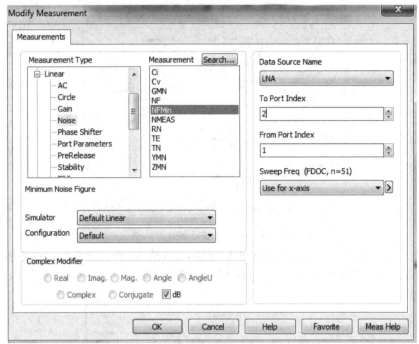

图 5.18　添加噪声系数测试项

(15) 运行电路仿真，得到电路的噪声系数测试结果，可以看到在工作频带内均小于 0.45，如图 5.19 所示。

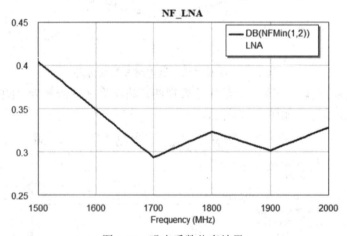

图 5.19　噪声系数仿真结果

在此可以看到工作频带在 1500 MHz 到 2000 MHz 之间，噪声系数均小于 0.45 dB。

(16) 电路稳定性仿真。电路稳定性一直是微波射频电路中较为困难的问题，为了解决此类问题，电路的 K 值计算被引入进来以表征电路是否存在潜在不稳定的频点。下面新建一个矩形类型的结果视图，将结果视图命名为 "Stability_LNA"，添加稳定性测试项，在右侧的测试项目中分别选择 K 值和 B1 值，点击 "Apply" 按钮，如图 5.20 所示。

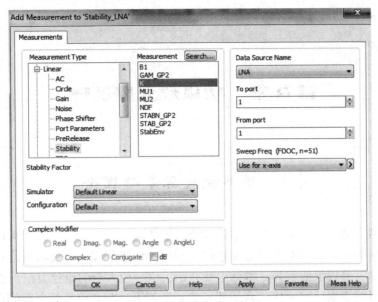

图 5.20　稳定性测试项

(17) 运行电路仿真。从仿真结果可知，低噪声放大器电路的 K 值均大于 1，B1 值均大于 0，表明电路在该频段内无条件稳定。无条件稳定即该电路在任何情况下均是稳定的，不会出现电路自激，如图 5.21 所示。

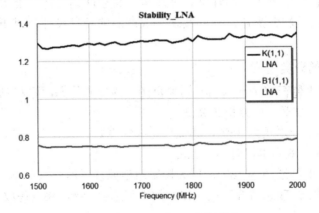

图 5.21　稳定性测试结果图

5.3　小　　结

本章主要介绍了使用 Microwave Office 软件对实际的低噪声放大器进行电路匹配、增益计算、噪声系数和稳定性等常规指标仿真的方法。在射频电路设计中，常见的低噪声放大器设计如本章所示，针对不同的射频性能需求，放大器有不同的最佳阻抗。通过本章的学习能够熟悉实际低噪声放大器的基本设计过程和使用 Microwave Office 软件的基本设计方法。

第6章　功率放大器设计

6.1　功率放大器基础理论

　　射频功率放大器主要分为两类，小信号放大器和大信号放大器。虽然两者的主要作用均是用于放大射频信号，但由于两者在系统中所处的位置不同，导致其理论分析、关注指标及设计方式都有着较大的差异。本章主要介绍大信号放大器的设计方法，通常大信号放大器位于发射机的末端，用于提供系统要求的功率等级。在大信号放大器的设计过程中，小信号放大器采用的共轭匹配方法不再适合，必须采用能发挥功放管最佳性能的功率匹配方法进行电路设计。当前，业界大多采用 EDA 软件进行设计仿真，优化设计参数和性能评估等一系列开发活动，这样可以极大地减少产品开发周期，节约开发成本。

　　本章将介绍一款功率放大器的详细设计过程，希望能为功放从业人员以及初学者提供一些基本设计思路及软件操作，帮助实现功放产品的开发设计。以下介绍功率放大器的基础。

1. 功率放大器的分类

　　通常地，根据放大器在整个输入信号周期范围内的导通状态，可以将放大器分为 A 类、AB 类、B 类、C 类、D 类、E 类和 F 类等。

　　(1) A 类放大器的导通角为 360°，其优点是线性度好、失真小，缺点是效率不高、热损耗较大，理想情况下效率也仅有 50% 左右。

　　(2) B 类放大器的导通角为 180°，放大器采用零偏置，信号只在半个周期内被放大，因而具有效率高的优点，理想情况下放大器的效率可达到 78%，缺点是放大器的增益较低，需要较高的驱动电平功率。

　　(3) AB 类放大器的导通角介于 A 类和 B 类放大器之间，它的效率比 A 类高，线性度比 B 类好，因而被广泛应用。

　　(4) C 类放大器的导通角小于 180°，工作时间不足半个周期，与 A、B 类放大器相比，C 类放大器拥有更高的效率。

　　(5) D 类、E 类和 F 类放大器通常被称为开关类放大器，理论上，效率可以达到 100%，但线性度较差。

2. 功率放大器的主要指标

1) 小信号 S 参数

　　(1) 回波损耗 S11。功率放大器通常位于射频发射电路的后端，接收前级的小信号，通过功率放大器进行放大，并输出到后级电路中去。如果回波损耗太差，将导致信号绝大部分被反射回去，影响前级电路的性能。在工程中，通常将 S11 < −10 dB 作为功率放大器的设计准则。

(2) 小信号增益 S21。输出功率和输入功率之比，即为功率放大器的增益。理论上，放大器的增益与频率之间呈现 −6 dB/double octave 的关系，即频率每增加一倍，增益降低 6 dB。因此在功放设计过程中，我们需要关心特定频段的增益是否满足设计要求。

2) 大信号参数

(1) 饱和输出功率(Psat)。当输入功率较低时，输出功率与输入功率成线性比例关系，然而输入功率超过一定量值之后，继续增大输入功率，输出功率将逐渐趋近于饱和，此时的输出功率称为饱和输出功率。此时放大器的输出功率与输入功率的比值即增益偏离常数，当放大器的增益比小信号线性增益低 1 dB 时，对应的输入功率称为"1 dB 输入压缩点"，记为 $P_{in,\,1\,dB}$，对应的输出功率被称为"1 dB 输出压缩点"，记为 $P_{out,\,1\,dB}$。假定 G0 为放大器的小信号增益，如图 6.1 所示，则它们的关系如下：

$$P_{out,\,1\,dB}(dBm) = P_{in,\,1\,dB}(dBm) + G_0(dB) - 1\ dB \tag{7-1}$$

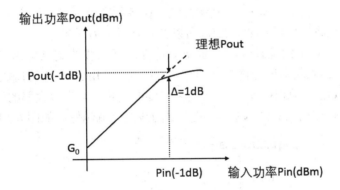

图 6.1　P1dB 压缩曲线

(2) 效率(Efficiency)。效率是放大器的一个重要指标，提高效率可以降低系统热耗，提高器件的可靠性。该指标反映了器件直流能量转换为射频能量的能力，根据不同的计算方式，效率有如下几种定义：

转换效率
$$\eta_C = \frac{P_{out}}{P_{DC}} = \frac{P_{out}}{V_{DC} \times 1_{DC}} \tag{7-2}$$

功率附加效率
$$\eta_{PAE} = \frac{P_{out} - P_{in}}{P_{DC}} \tag{7-3}$$

(3) 谐波失真(Harmonic Distortion)。谐波失真是指由于功率放大器的非线性在谐波处产生较大的失真，对于窄带放大器，这些谐波都不在工作频带内，用滤波器能很容易滤掉这些谐波。但是对于宽带放大器，某些谐波可能落在工作频带以内，在设计时必须加以考虑，避免对整个电子系统的干扰。谐波失真大小由下式计算：

$$HD_n = 10\log\frac{P_n}{P_s}(\text{dBc}) \tag{7-4}$$

其中，HD_n 为 n 次谐波失真，P_n 为 n 次谐波输出功率，P_s 为基波信号输出功率。

(4) 互调失真(Intermodulation Distortion，IMD)。互调失真是由两个或多个输入信号同时经过放大器而产生的混合分量，它也是由于功率放大器的非线性造成的。例如有两个不同频率的输入信号 f1 和 f2，由于功率放大器的非线性特性，输出信号中将有许多新产生的频率分量 m*f1 ± n*f2，m 和 n 是大于 0 的正整数，如图 6.2 所示。

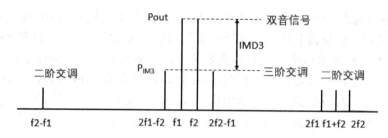

图 6.2 互调分量

各互调分量分别称为其 m+n 阶交调分量，在各种交调分量中，三阶交调分量(2f1-f2，2f2-f1)非常靠近基波信号频率(f1，f2)，所以在设计时要着重考虑。

基波信号输出功率的延长线与三阶交调特性的延长线的交点称为三阶交调点，记为 IP3。此时对应的输入功率称为输入 3 阶交调点，记为 IIP3，对应的输出功率称为输出 3 阶交调点，记为 OIP3，如图所示。它从某种程度上反映了功率放大器的线性能力，当输出功率一定时，三阶交调点 OIP3 越大，放大器的线性度就越好，如图 6.3 所示。

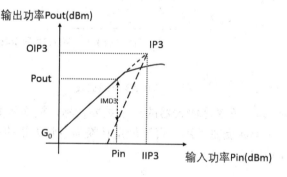

图 6.3 OIP3 与 IIP3 示意图

其中，$\text{OIP3} = P_{\text{out}} - \dfrac{1}{2} \times \text{IMD3}$。

本章将结合下面的指标参数，介绍如何用 Microsoft Office 软件设计功率放大器的示例：

(1) 工作频率：中心频点 2140 MHz。

(2) 工作带宽 60 MHz。

(3) 饱和输出功率：100 W。

(4) 增益：≥18.5 dB。

(5) 饱和效率：≥55%。

6.2　功放管直流特性扫描

功放管的静态特性是决定功放管工作在什么类型的基础，选择不同的静态工作点，功放管的效率和线性等关键指标差别较大。本节先介绍功放的直流特性仿真过程。

(1) 启动软件，新建工程并另存为"PA Design"，在左侧【Project】栏里面选中【Circuit Schematics】，单击鼠标右键在弹出的对话框中选择【New Schematic...】，或者在主菜单栏，点击【Project】→【Add Schematic】→【New Schematic...】，在弹出的对话框中，输入为"DC_SWEEP"，右侧将显示出该原理图对应的空白工作区域，如图 6.4 所示。

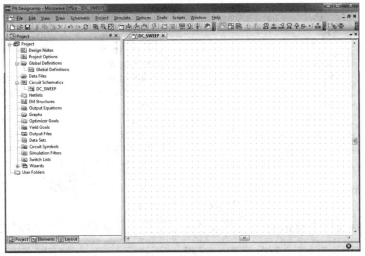

图 6.4　新建原理图

(2) 放置元器件。在左下方图标 处选择【Elements】菜单，在元器件列表栏选择【MeasDevice】→【IV】，在【Models】栏选中"IVCURVE"模型，按住鼠标左键不放拖动"IVCURVE"到原理图工作窗口并放置，如图 6.5 所示。

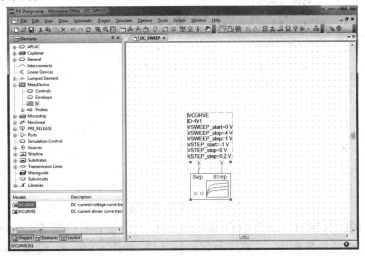

图 6.5　添加 IV 元件

(3) 调用已下载的功放管模型，或者调用在线的功放管库，在【Elements】器件栏找到【Libraries】，选择【Parts By Vendor】→【Freescale】→【Nonlinear】→【LDMOS】，然后在【Models】栏选择所需要的功放管模型 MRF7S21080H，如图 6.6 所示。若是在线的功放管库无法找到需要的模型，需要去对应器件厂家的官网下载对应的模型。

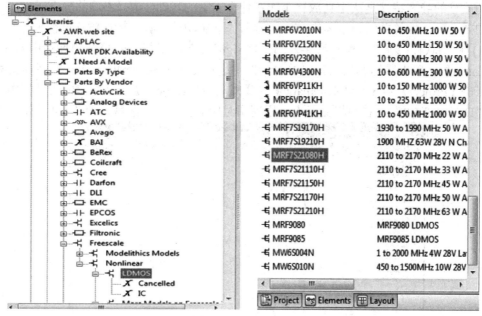

图 6.6　添加元器件

(4) 按住鼠标左键不放拖动模型到原理图工作窗口并放置，连接电路如图 6.7 所示。

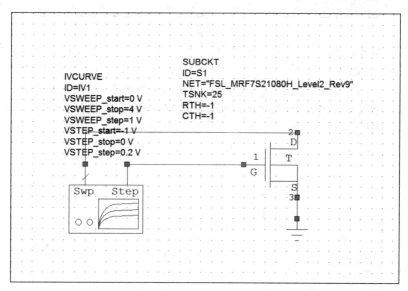

图 6.7　IV 曲线原理图

(5) 设置直流扫描参数。双击 IVCURVE，弹出参数设置对话框【Element Options】，设置对应的电压参数扫描起点、扫描终点和扫描步进，如图 6.8 所示，设置完成后单击【OK】按钮。

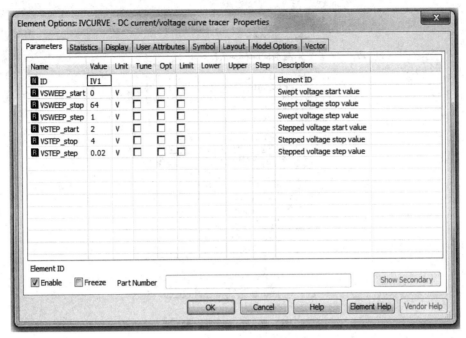

图 6.8　IV 控件设置

（6）添加数据显示图表。在左侧【Project】栏，选中【Graphs】，单击鼠标右键，在弹出的菜单栏选择【New Graph…】，在弹出的【New Graph】对话框的命名栏【Enter a name for the Graph】中输入 IV Curve，在选择显示类型栏【Select the desired type】下选择【Rectangular】，然后点击【Create】完成 IV Curve 图表的创建，如图 6.9 所示。

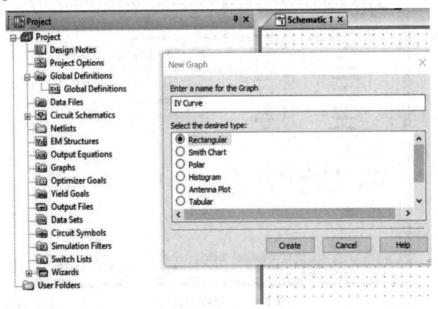

图 6.9　添加元器件

（7）数据显示图表添加参数测试项。选中新建的【IV Curve】图表，单击鼠标右键，在弹出的对话框选择【Add Measurement…】，如图 6.10 所示。

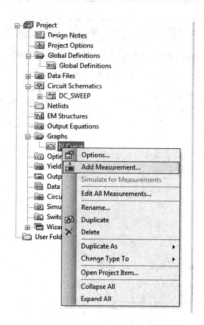

图 6.10　添加测试项

(8) 在弹出的对话框 Add Measurement to 'IV Curve' 中，设置相应的参数。在
【Measurement Type】栏选择【Nonlinear】→【Current】，在【Mearsurement】栏选择
【IVCurve】，在【Data Source Name】栏选择原理图 DC_SWEEP，其余设置如图 6.11
所示。

图 6.11　添加 IV 测试项

(9) 单击工具栏的图标按钮 ，或者按 F8 键进行仿真。仿真完成后，如果没有设置
错误，将得到功放管的 IV 曲线如图 6.12 所示。在 Vds = 28 V，Vgs = 2.76 V 时，功放管的
静态电流 Idq=811 mA，与厂家提供的规格书的电压范围极为接近，表明仿真工程建立的准

确性，并将该工作点设置为功放的静态工作点。

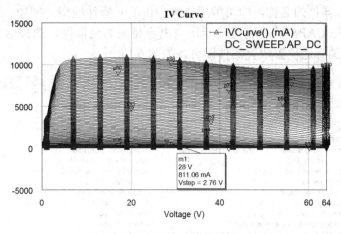

图 6.12　IV 曲线测试结果

6.3　功率放大器的稳定性分析

（1）新建原理图，命名为"Stability"。选中"Stability"原理图，单击鼠标右键，在弹出的对话框中选择【Options…】，在【Options】对话框中选择 Frequencies 界面，更改工作频率，设置起始频点为 2.1 GHz，设置终点频点为 2.2 GHz，步进为 0.01 GHz，点击【Apply】。在【Current Range】栏将更新为已设置的频率信息，如图 6.13 所示，点击【OK】即可。

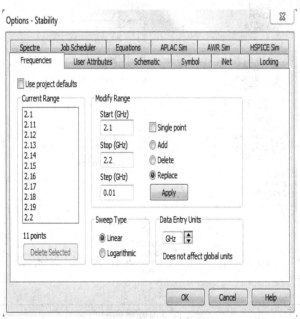

图 6.13　项目参数设置

（2）放置元器件。在左下方图标 Project Layout Elements 处选择【Elements】菜单，

在不同的元器件栏下调用不同的元器件，也可以使用 Ctrl＋L 的快捷键调出元器件搜索工具，在搜索栏输入器件的名称，即可调用软件自带的元器件模型。例如，调用一颗电容模型，在搜索框输入 CAP，此时将会显示出与电容相关的元器件，选择合适的器件，点击【OK】，在原理图合适位置放置器件即可，如图 6.14 所示。

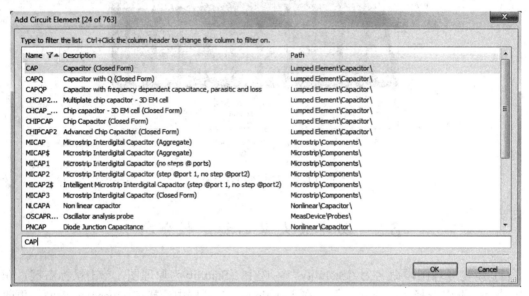

图 6.14　添加元器件

(3) 按照如图 6.15 所示的电路调用不同的元器件模型，并搭建好电路图。

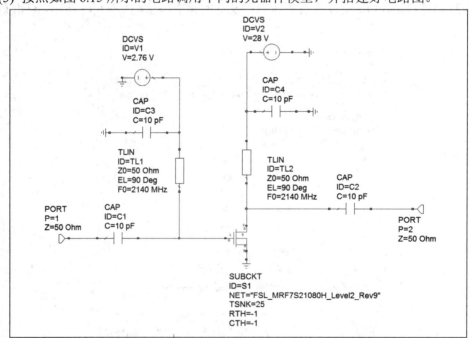

图 6.15　电路原理图

(4) 创建数据显示图表。在左侧【Project】栏，选中【Graphs】，单击鼠标右键，在弹出的菜单栏选择【New Graph...】，在弹出的【New Graph】对话框的命名栏【Enter a name

for the Graph】中输入"Stability",在选择显示类型栏【Select the desired type】下选择【Rectangular】,然后点击【Create】完成图表的创建,如图 6.16 所示。

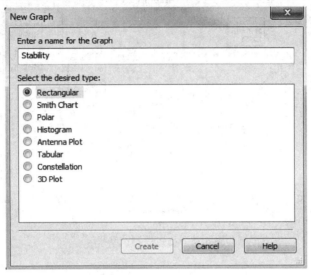

图 6.16 新建结果视图

(5) 添加仿真测试项。在【Graphs】下选择【Stability】图表,鼠标右键单击,选择【Add Measurement…】,在弹出的 Add Measurement to 'Stability'对话框中,在【Measurement Type】栏选择【Linear】→【Stability】,在【Mearsurement】栏选择 K,在【Data Source Name】栏选择原理图 Stability,如图 6.17 所示,点击【OK】。用相同的方法添加 B 测试项。

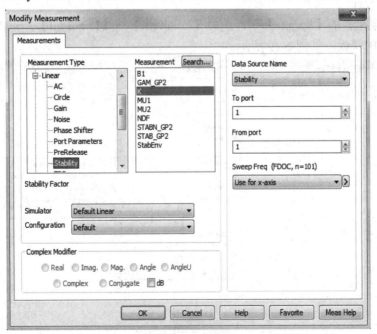

图 6.17 添加 K 值测试项

(6) 单击工具栏的图标按钮 ,或者按 F8 键进行仿真。仿真结束后,查看仿真结果,放大器在 2110 MHz~2170 MHz 频带内满足 K > 1,B > 0,表明放大器在工作带内是绝对稳定的，如图 6.18 所示。

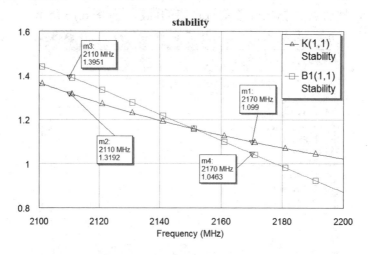

图 6.18　稳定性测试结果

6.4　负载牵引仿真 Loadpull

Loadpull 技术即负载牵引技术，是功放设计过程中的一项关键技术，用于提取功放管在大信号下的性能参数，从而确定功放管的最佳功率和最优效率所对应的输出阻抗，用于功放管的匹配设计。

(1) 在主菜单栏的【Scripts】下，选择【LoadPull】→【LoadPull】，点击【Loadpull】调用软件自带的模板，如图 6.19 所示。

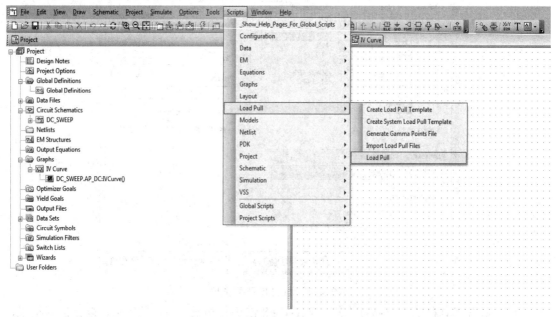

图 6.19　Loadpull 脚本

(2) 如果工程是第一次调用【Loadpull】模板，未更改工程的默认单位设置，此时软件将依次产生两个提示信息，第一个提示信息"Document import warning"，提示该模板的频率单位将从 GHz 改为 MHz。第二个提示信息提示一个新的 Loadpull 模板将加入到工程中，如图 6.20 所示，点击【OK】按钮。

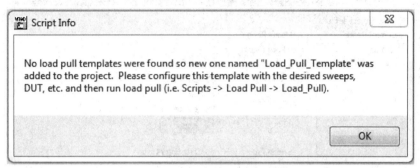

图 6.20　插入 Loadpull 脚本

(3) 在左侧 Project 栏的【Circuit Schematics】下面生成新的原理图【Load_Pull_Template】，删除模板中的放大器模型，替换为所选的放大器模型，设置输入功率扫描、漏极电压、栅极电压，具体设置如图 6.21 所示。

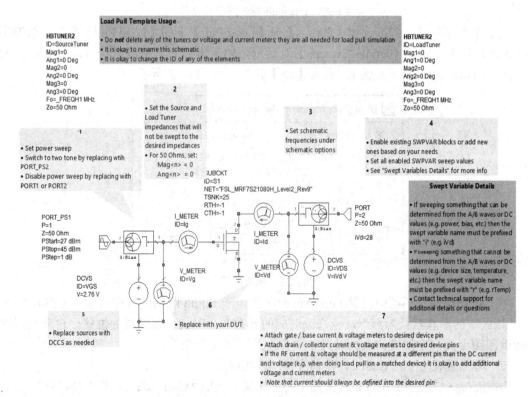

图 6.21　Loadpull 模板

(4) 选中原理图【Load_Pull_Template】，单击鼠标右键，在弹出的对话框中选择【Options…】，打开【Options】选型，在【Frequencies】设置 Loadpull 的频率为 2.14 GHz，勾选 Single point，点击 Apply，此时将在【Current Range】显示出所设置的频率，点击【OK】

完成设置，如图 6.22 所示。

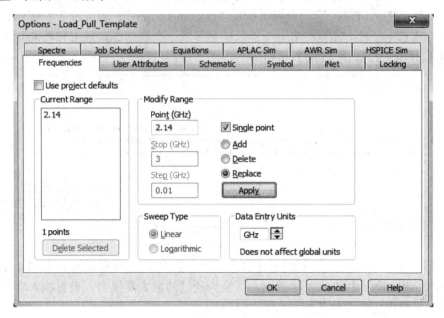

图 6.22　Loadpull 原理图参数设置

(5) 在主菜单栏下依次选择【Scripts】→【Load Pull】下的【Load Pull】界面，新弹出【Load_Pull_Template_Gamma_Sweeps】对话框，由于本例只对基波进行 Loadpull，因此在【Load Harmonics】下勾选 1，点击【>>】按钮，如图 6.23 所示。

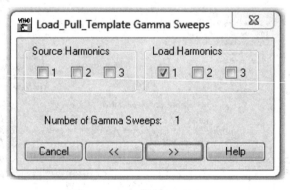

图 6.23　频点设置

(6) 在弹出的对话框中设置 LoadPull 时阻抗位于 Smith 圆图的分布区域，如图 6.24 所示。该区域的形状默认为圆形，当修改对应的参数时，阻抗分布区域的位置会自动更新在 Smith 圆图上面，方便设计人员设置。主要涉及以下几个参数。

a：阻抗区域的半径 Radius，其值在[0，1]之间。

b：阻抗区域的圆心距 Smith 圆图中心的距离 Center Magnitude，其值在[0，1]之间。

c：阻抗区域的圆心在 Smith 圆图中的角度 Center Angle(deg)，其值为[-180°，180°]之间。

d：阻抗区域内计算点的密度，计算点太密会引起软件计算时间太长；相反，计算点稀疏也可能导致无法选择到最佳的阻抗点，这里选 Medium 即可。

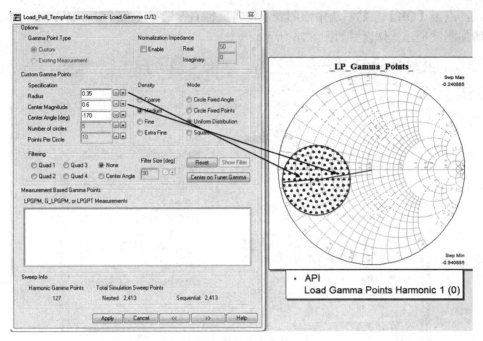

图 6.24 阻抗点设置

(7) 设置完成后，点击【>>】按钮，进入到下一个界面，通常该界面不需做任何改动，点击【Simulate】进行仿真，如图 6.25 所示。

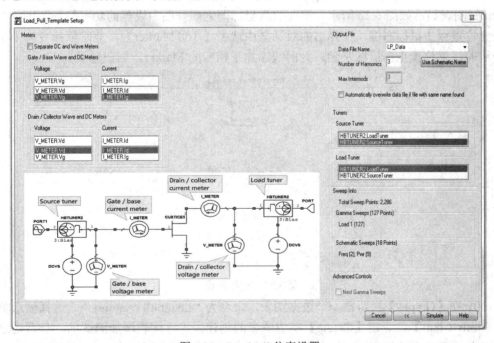

图 6.25 Loadpull 仿真设置

(8) 仿真结束后，在工程的【Data Files】栏下生成【LP_Data】数据，可以双击将其打开。但是里面全是文本格式的数据，不利于设计人员使用，因此需要用图表的方式来查看仿真结果。在【Graphs】下新建数据图表【Input power sweep】，并选择【Rectangular】显示方式，点击【OK】。然后选中该图表，单击鼠标右键选择【Add Measurement…】为该图表增加测试项，具体设置如图 6.26 所示。

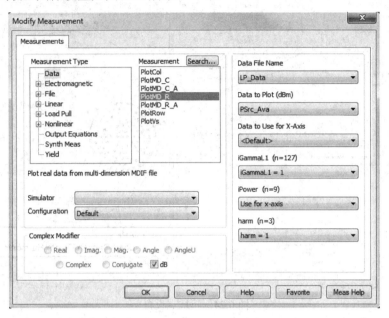

图 6.26　增加输入功率对应输出功率测试项

(9) 单击工具栏的图标按钮 ⚡，或者按 F8 键进行仿真。仿真结束后，Input power sweep 的图表显示如图 6.27 所示，该图的纵坐标即为原理图中设置的功率扫描范围，在图中任意位置点击鼠标右键，在弹出的对话框中选择【Add Marker】，此时鼠标变为十字，在曲线的任意位置点击鼠标左键，为曲线添加了相应的 Marker，标记为 m1。

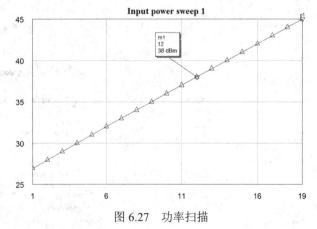

图 6.27　功率扫描

(10) 在【Graphs】栏新建一个数据图表，命名为"Loadpull contours"，选择显示类型为【Smith Chart】，点击【Create】完成图表的创建。为该图表增加测试项，查看功放管的功率曲线和效率曲线，其中功率测试项设置如图 6.28 所示，在【iPower】栏中选择【Marker：m1@Input power sweep】，这样新建的等功率曲线就与 Input power sweep 图表中的 Marker m1 相关联，通过更改不同的输入功率 Marker m1 点，等功率曲线也随之发生改变，如图 6.29 所示。其中等效率圆曲线的设置也类似。

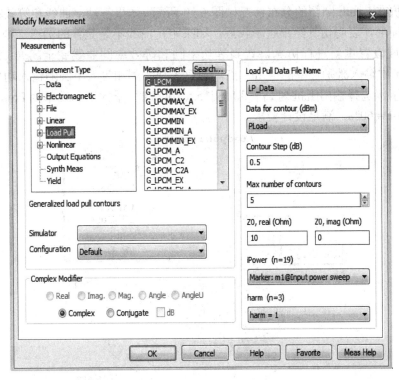

图 6.28　添加功率测试项

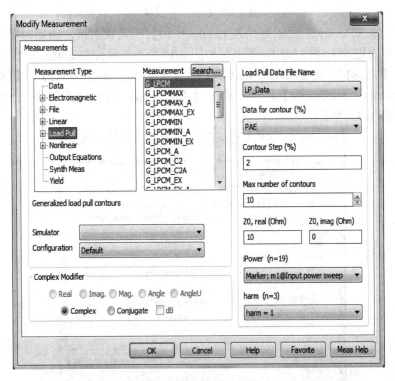

图 6.29　添加功放的效率测试项

(11) 设置完成后，单击工具栏的图标按钮 ⚡，或者按 F8 键进行仿真。待仿真结束，可以看到阻抗在 Smith 圆图的分布情况如图 6.30 所示。如果等功率曲线和等效率曲线呈现完整的闭合圆形，表明仿真结果趋于收敛；如果阻抗曲线不是完整的圆形，则需改变第 6 步的阻抗区域设置重新进行仿真，直到等功率圆和等效率圆曲线完全闭合。更改 Input power sweep 中输入激励功率的值 m1 点，观察等功率圆和等效率圆随输入功率的变化趋势。最终，本示例选择输出阻抗为 $Z_L = 3.5 - j*5.5$ 1ohm 时，最大饱和功率为 Pout = 51 dBm，最大效率 PAE = 60%，满足设计要求。

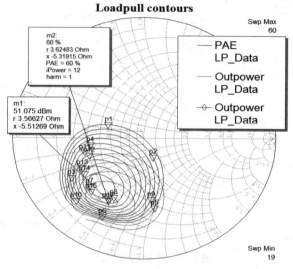

图 6.30　Loadpull 结果

(12) 由于做 Sourcepull 时需要代入 Loadpull 得到的负载阻抗，因此需要将图 6.30 的 mark 点显示方式更改为幅度和相位模式，如图 6.31 所示。鼠标左键双击 m1，打开【Smith Chart Options】对话框，在【Display Format】栏勾选【Magnitude/Angle】，【Display Type】栏勾选【Reflection coefficient】，点击【OK】按钮。m1 点对应的幅度为 0.5786，相位为 −117.3°，如图 6.32 所示。

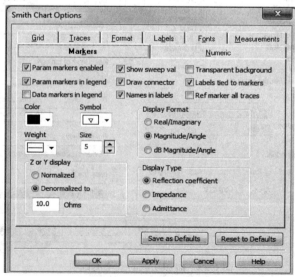

图 6.31　添加 Marker 点

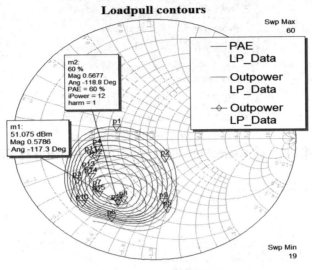

图 6.32　Marker 点阻抗值

6.5　源牵引仿真 Sourcepull

(1) 在 Loadpull 的原理图中，进行 SourcePull 的阻抗牵引。将 Loadpull 得到的负载阻抗带入到原理图中，将 HBTUNE2 的阻抗设置为图中 m1 对应的阻抗，更新 LoadTuner 的参数，如图 6.33 所示。

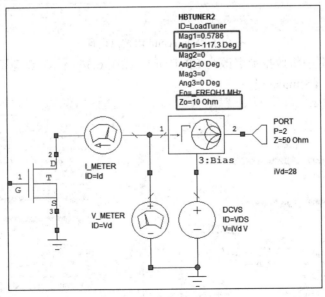

图 6.33　设置负载阻抗

(2) 在主菜单栏选择【Scripts】→【Load pull】→【Load pull】，如图 6.34 所示。在弹出的对话框中勾选【Source Harmonics】的第一个框，去掉【Load Harmonics】的勾选，点击【>>】。

图 6.34　Sourcepull 谐波设置

(3) 在新的对话框中设置 SourcePull 的阻抗分布区域，如图 6.35 所示，设置完成后，点击【>>】。

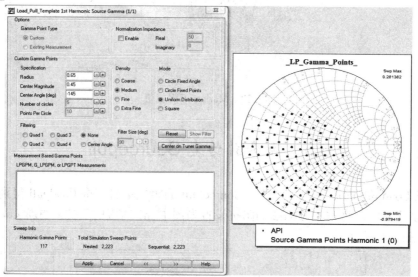

图 6.35　Sourcepull 阻抗点设置

(4) 在新对话框中将数据命名改为 LP_Data1，如图 6.36 所示，避免覆盖 Loadpull 得到的数据结果，点击【Simulate】。

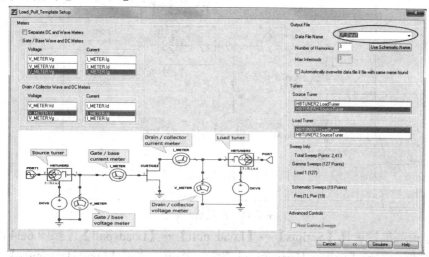

图 6.36　生成 Sourcepull 数据

(5) 仿真结束后，将在工程的【Data Files】栏下生成相应的 LP_Data1 数据。按照 Loadpull

的数据显示方式新建 Sourcepull 的数据窗口。这里采用另一种方式进行数据窗口创建，在
【Graphs】下选中【Input power sweep】，按住鼠标左键不放，拖动至【Graphs】，将在
【Graphs】下复制出一张图表【Input power sweep 1】，鼠标左键双击【Input power sweep 1】
下的测试项，将数据源替换为 LP_Data1，点击【OK】按钮，如图 6.37 所示。

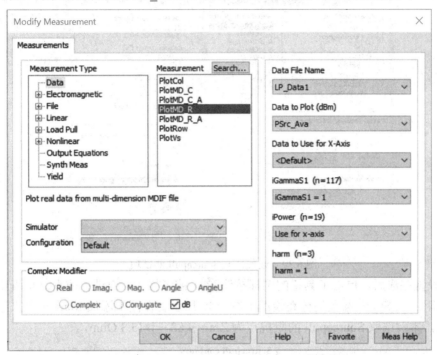

图 6.37　添加输入功率关联测试项

(6) 单击工具栏的图标按钮 ⚡，或者按 F8 键进行仿真。仿真结束后,【Input power sweep
1】的图表显示如图 6.38 所示。在图中任意地方点击鼠标右键，在弹出的对话框中选择【Add
marker】，此时鼠标变为十字，在曲线的任意位置点击，为曲线添加了相应的 Marker，标记
为 m1。

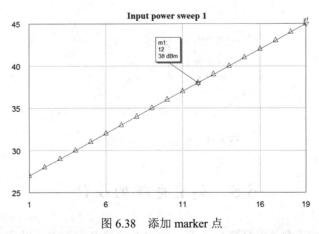

图 6.38　添加 marker 点

(7) 按照相同的方法，拖动 "Loadpull contours" 复制得到 "Loadpull contours 1"，重
命名为 "Sourcepull contours"，如图 6.39 所示。双击【Sourcepull contours】下的测试项，

将数据源替换为 LP_Data1，其中在【iPower】栏中选择【Marker：m1@Input power sweep 1】，完成后点击【OK】按钮。

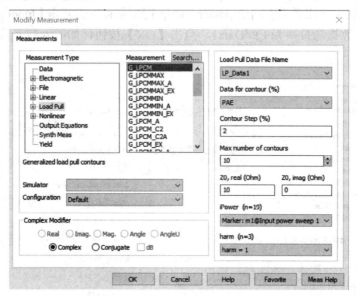

图 6.39　设置修改 Sourcepull 测试项

（8）设置完成后，单击工具栏的图标按钮 ，或者按 F8 键进行仿真。仿真结束后，可以看到阻抗在 Smith 圆图的分布情况如图 6.40 所示。在图中添加 Marker 点来选取合适的阻抗点，本例选取 Sourcepull 的阻抗点为 Zin = 4.88 − j*15.3 Ohm。

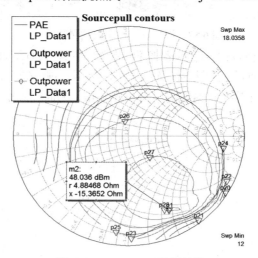

图 6.40　Sourcepull 显示结果

6.6　偏置电路的设计

功放的偏置电路通常是为功率放大器提供需要的静态工作点，设计要求为通直流、扼交流，在工程中，常用的设计电路如图 6.41 所示。

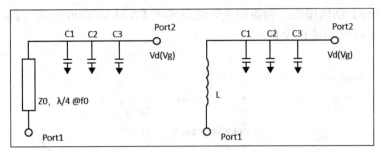

图 6.41 常见的偏置电路

对于低频率的功率放大器，通常采用图 6.41 右侧的电路作为偏置电路。但对于高频功率放大器，由于四分之一波长的微带线尺寸小，布局方便，通常采用图 6.41 左侧的方案进行设计。

(1) 电容的选取。电路中靠近射频电路的第一个电容 C1 非常重要，它要尽量抑制射频信号的泄露。电容 C2、C3 主要用于滤除低频杂波，通常在 nF 级以上，容值大小成等比例排列。对于电容 C1，在仿真时尽可能放置真实的电容模型，因为电容 C1 模型的准确与功放管的仿真结果有较大关联。新建原理图 "Bias"，设置仿真频率为 0.1 GHz～3 GHz，步进为 0.01 GHz，如图 6.42 所示。在【Elements】菜单栏下面选择【Libraries】→【Parts By Vendor】→【Murata】→【Capacitors】，选择本例用到的电容 10 pF，型号 GQM1882C1H100GB01，搭建原理图如图 6.43 所示。

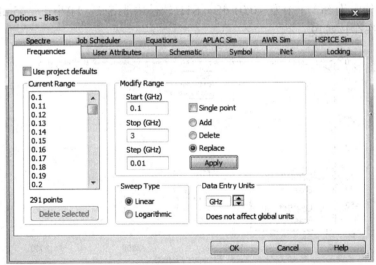

图 6.42 原理图参数设置

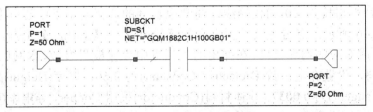

图 6.43 电容仿真原理图

(2) 设置数据显示图表，在【Graphs】下新建 Bias 图表，选择【Rectangular】显示类型，点击【Create】创建图表，为该图表新建测试项【Add Measurement...】，在弹出的对话框中按照图 6.44 所示进行设置。

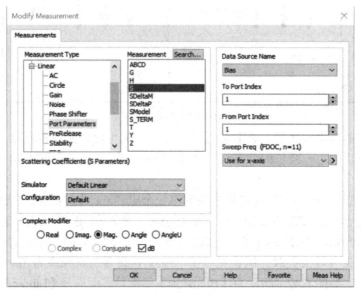

图 6.44　添加 S 参数测试项

(3) 设置完成后，点击 ⚡ 进行仿真。电容的 S 参数如图 6.45 所示，该电容在 2140 MHz 频段的 S21(软件中为 S(2，1))为 −0.01 dB，S11(软件中为 S(1，1))小于 −45 dB，表明该电容能很好地工作在该频段。

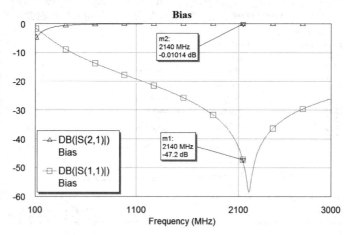

图 6.45　仿真结果图

(4) 对于特性阻抗为 Z0 的传输线，通常电长度的选择略小于中心频率的四分之一波长，如图 6.46 所示。点击主菜单栏上面的【Tools】→【TXline】工具，将电长度和特性阻抗转换成对应的物理长度,在弹出的对话框中设置板材参数，本例以 Roger4350B 作为 PCB 材料，设置介电常数(Dielectric Constant)为 3.66，厚度(Height)为 20 mil，介质损耗(Loss Tangent)为 0.0037，导体材料(Conductor)采用 Cooper，导电率(Conductivity)为 5.88 E+07 S/m，厚度(Thickness)为 1.4 mil。频率(Frequency)设置为 2.14 GHz，特性阻抗 Impedance 设置为 50 Ohms，电长度(Electrical Length)为 90 deg。设置完成后，点击 ➡

按钮，此时将生成微带线对应的物理长度(Physical Length)为 820.831 mil，微带线宽度
(Width)为 42.3347 mil。

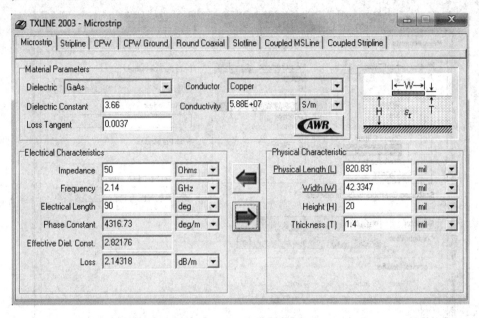

图 6.46　计算微带线参数

(5) 设置 Bias 原理图的仿真频率为 2.1 GHz～2.2 GHz，步进为 0.01 GHz，然后在原理
图中搭建如图 6.47 所示的电路。

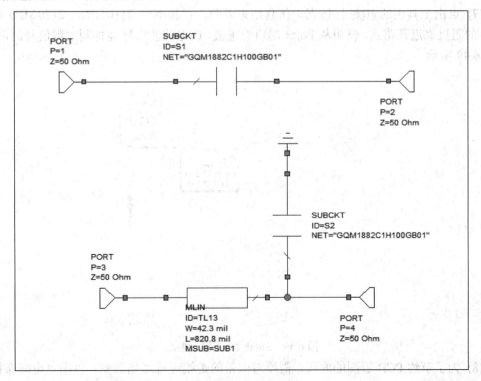

图 6.47　搭建原理图电路

(6) 添加数据图表，在【Graphs】下新增图表"Bias 1"，显示类型为【Smith Chart】，点击【Create】，在该图表下添加测试项，端口设置为 Port3，如图 6.48 所示。

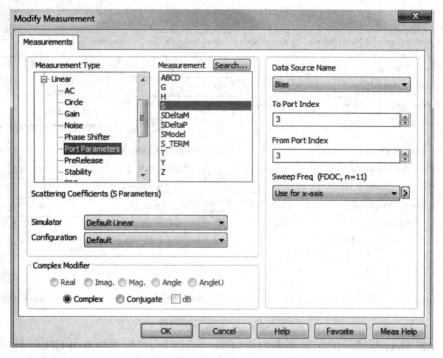

图 6.48　添加测试项

(7) 点击工具栏的 ⚡ 进行仿真。仿真结果表明，在频率为 2110 GHz～2170 MHz 时，Port3 的阻抗靠近开路点，表明从 Port3 端口看进去，该电路能很好地抑制射频信号的泄露，如图 6.49 所示。

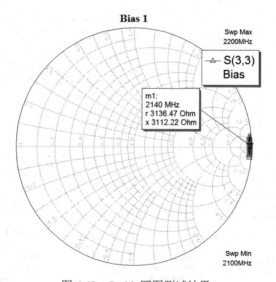

图 6.49　Smith 圆图测试结果

(8) 为了节约 PCB 版图的面积，需要对微带的走线进行适当改变，以满足电路布板的需求。加入 MCURVE 和 MTEE$控件对电路进行更改，其中 MTEE$是一个智能元件，能自动匹配与之连接的端口微带线的宽度，不需要用户对其设置。由于端口宽度是自动匹配的，因此与之相连的必须是有物理尺寸的器件，否则软件在运行时将出错。本例在与电容 C2 和 C3 端连接时增加了一段非常短的微带线，由于电容 C2 和 C3 主要作用是低频滤波，因此示例选用理想电容模型即可，最终完整的电路图如图 6.50 所示。

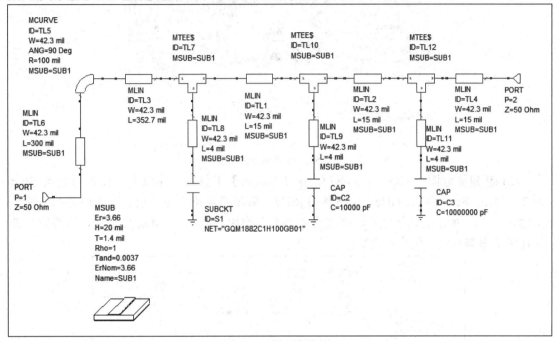

图 6.50　原理电路图

6.7　输出匹配电路的设计

根据前面 Loadpull 得到的阻抗数据，得到了功放管的最佳负载阻抗 $Z_L = 3.5 - j*5.51$ Ohm，输出匹配电路设计的目的是将 Z_L 的共轭阻抗匹配到标准的 $50\,\Omega$，发挥功放管的最佳性能。

在设计输出匹配电路时，须考虑到功放管的引脚尺寸与靠近功放管管脚的微带线尺寸应相匹配，即靠近功放管的微带线长度必须大于功放管的管脚长度，微带线宽度必须大于功放管的管脚宽度。通过研读该功放管的器件手册可知，考虑到加工公差，管脚最大长度为 5.33 mm，管脚最大宽度为 11.83 mm。

下面介绍功放管的输出匹配电路设计：

(1) 运用【TXLine】工具，如图 6.51 所示，设置 Roger4350 B 材料的各项参数，包括介电常数(Dielectric Constant)为 3.66，厚度(Height)为 20mil，介质损耗(Loss Tangent)为 0.0037，导体材料(Conductor)采用 Cooper，导电率(Conductivity)为 5.88E + 07 S/m，厚度(Thickness)约为 1.4 mil，频率(Frequency)设置为 2.14 GHz，在 Physical Length 栏输入 5.33 mm，Width 栏输入 12.83 mm，点击◀按钮，可计算出满足该物理尺寸时对靠近功放管第一节微带线的要求，即特性阻抗须小于 $7\,\Omega$，电长度须大于 25.4 deg。

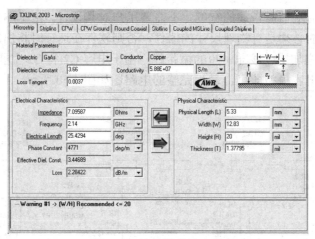

图 6.51　计算微带线参数

(2) 新建原理图 "output match"，在【options】下修改工作频率，设置起始点 Start 为 2.1 GHz，Stop 为 2.2 GHz，Step 为 5 MHz。参照第 4 章介绍的设计匹配电路的方法，构建如图 6.52 所示的匹配电路。在隔直电容前后增加了两段 50 Ohm 微带线，这两段微带线几乎不参与匹配，仅当作电容的焊盘使用。

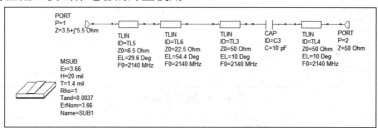

图 6.52　新建原理图

(3) 新建数据图表，在【Graphs】栏新建【New Graph】，命名为 "output match"，选择【Rectangular】显示方式，然后为其添加测试项，设置参数如图 6.53 所示。

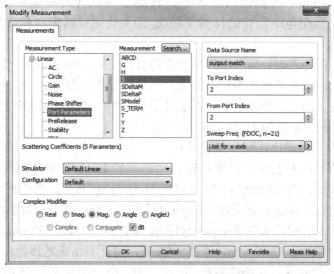

图 6.53　添加测试项

(4) 点击工具栏的 ⚡ 进行仿真，得到如图 6.54 所示的结果，在 2.1 GHz～2.2 GHz 频率范围内 S22 都小于 −25 dB，表明该拓扑结构能实现匹配的要求。

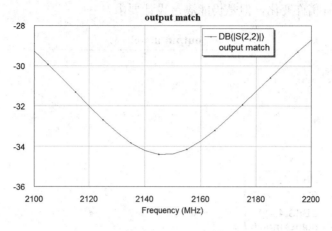

图 6.54 仿真结果

(5) 用【TXLine】工具依次将理想的传输线计算替换成实际微带线的长度和宽度，并加入 MTEE\$模型来连接上一节介绍的 Bias 电路，为了防止 Bias 电路太靠近功放管，将 TL26 的微带线长度设置为 4 mil(0.1 mm)左右，只要确保 TL26+TL25+TL9 的长度等于 TL5 计算的长度即可，最终得到如图 6.55 所示的电路。

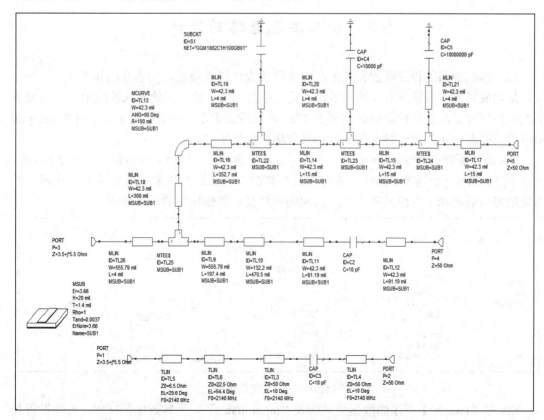

图 6.55 偏置微带电路

(6) 选中图表【Graphs】下 "output match" 数据图表，添加测试项，把 Port4 端口的 S 参数作为仿真的指标，仿真结果如图 6.56 所示，替换成实际的微带线后，相比理想传输线匹配的 S22，S44 有稍许变化，但是仍能满足设计要求。

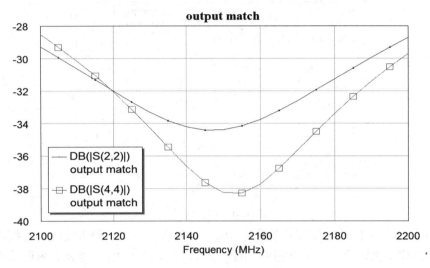

图 6.56   偏置电路仿真结果

6.8   输入匹配电路的设计

输入匹配电路的设计过程和输出匹配电路的设计过程类似，简单介绍如下。

从功放管的封装图来看，输入引脚和输出引脚尺寸一样，因此输入匹配中靠近功放管的微带线同样需满足特性阻抗必须小于 7Ω，电长度需大于 25.4 deg 的要求。由 Sourcepull 牵引得到的源阻抗，设计输入匹配使得其共轭匹配到 50Ω。

(1) 新建原理图 "input match"，在【options】选项中设置仿真频点的起点为 2.1 GHz，终点为 2.2 GHz，步进为 5 MHz，在原理图中搭建理想参数的匹配电路如图 6.57 所示，在隔直电容前后增加了两段几乎不参与匹配的传输线，当做电容的焊盘使用。

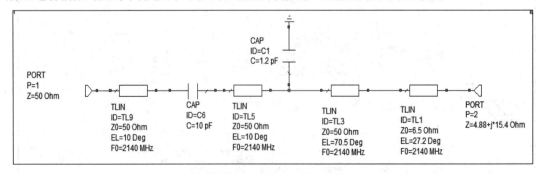

图 6.57   输入匹配原理图

(2) 在【Graphs】下添加数据结果图表 "input match"，为其添加测试项，具体设置如图 6.58 所示。

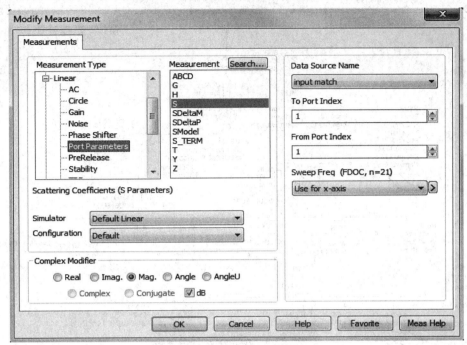

图 6.58 添加测试项

(3) 点击工具栏的 ⚡ 进行仿真，结果如图 6.59 所示。在理想传输线的情况下，输入匹配的 S11 在整个频带都小于 −20 dB，达到了良好的匹配状态。

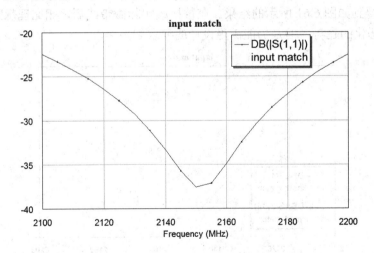

图 6.59 输入 S11 测试结果

(4) 用【TXLine】工具依次将理想的传输线替换成实际微带线的长度和宽度，并加入 MTEE$ 模型来连接之前设计的 Bias 电路。栅极和漏极的馈电线有稍许区别，其一是栅极上通常不需要 nF 以上的电容，因而将去掉电容 C2 和 C3；其二是 LDMOS 功放管的栅极电路基本没有电流流过，为减小 PCB 尺寸，将栅极馈电线的宽度适当减小，这里设置为 20 mil 即可。类似地，为了防止栅极 Bias 电路太靠近功放管，将 TL12 的微带线长度设置为 4 mil，只要保证 TL12 + TL11 + TL4 的总长度等于 TL1 换算的长度即可。最终完整的输入匹配电路如图 6.60 所示。

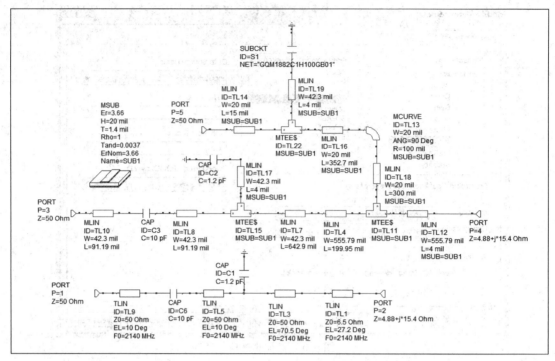

图 6.60　完整的输入匹配原理图

(5) 在数据结果图表 "input match" 下添加 port3 端口的测试项，点击工具栏的 ⚡ 按钮进行仿真，得到如图 6.61 所示的结果。在替换成实际微带线后，相比理想匹配节的 S11 性能，S33 有恶化的趋势，但是仍能满足设计的要求。

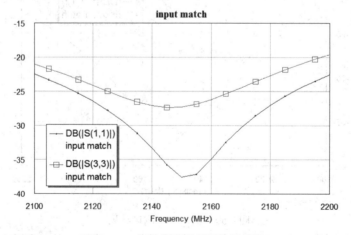

图 6.61　实际电路原理图结果之差

6.9　功率放大器 S 参数仿真及优化

通常地，在每个部分设计好之后，合成整体联合仿真，功放管的性能可能会出现偏移，这时候需要对每个部分反复进行适当的优化，调整匹配电路的参数，使之达到预期的性能，其操作过程如下。

(1) 新建原理图，将输入匹配和输出匹配电路复制到新原理图中，调用功放管模型，按照如图 6.62 所示电路进行连接。设置漏极电压为 28 V，栅极电压为 2.76 V，工作频率为 2.1 GHz～2.2 GHz。

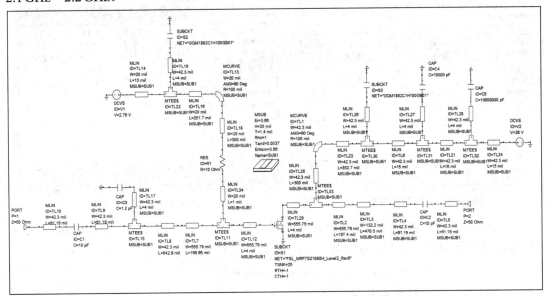

图 6.62　完整电路原理图

(2) 新建数据图表，选择 Rectangular 显示方式，添加 S11、S21 作为测试项，运行仿真后得到如图 6.63 所示结果。在工作频带 2110 MHz～2170 MHz 内，增益 S21≥17.9 dB，增益平坦度 ΔS21≤1dB。S11 在整个工作频带内仿真结果较差，未满足设计要求。

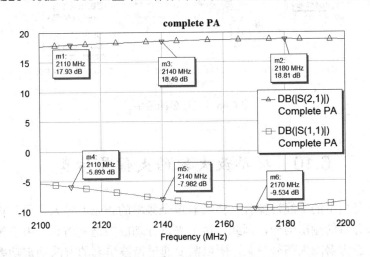

图 6.63　增益与输入驻波仿真结果

(3) 由于 S 参数主要与输入匹配电路相关，对输入匹配电路采用手动调谐的方式进行优化。回到原理图界面，鼠标左键单击菜单栏的工具按钮 ，此时鼠标指针变为"+"指示，移动鼠标到需要优化的器件参数上单击，可看到该器件的参数变为蓝色高亮，表明选中了该参数，继续选择其他需要优化的器件参数，待选择完成后，鼠标左键单击菜单栏按钮，将弹出包含所选参数的调谐对话框，如图 6.64 所示。

(4) 在弹出的 Variable Tuner 对话框中，对需要优化的变量，设置优化的最大值和最小值，以及调谐步进。用鼠标左键拖动滑动条，就可以改变该参数并实时参看仿真结果。在本例中，经过多次优化调谐，最终优化后的参数如图 6.65 所示。

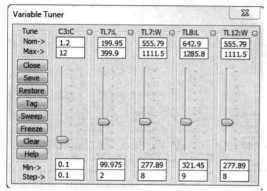

图 6.64　参数调试界面

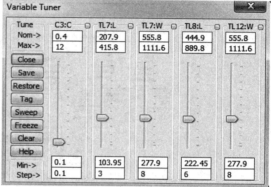

图 6.65　调整后的参数

图 6.66 所示的结果是优化后的仿真结果图，增益 S21 在整个频段内大于 19 dB，增益平坦度在 0.2 dB 以内，S11 < −15 dB。

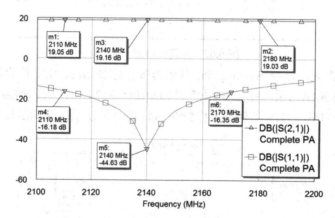

图 6.66　优化后的结果

6.10　功率放大器的大信号仿真

功率放大器是典型的非线性器件，伴随着单个频率的正弦波输入信号，输出信号往往包含了很多谐波分量的输出信号，因此，接下来进行功放的谐波仿真。由于传统的线性仿真无法得到功率放大器的大信号参数，所以需要通过谐波仿真的方法确定功率放大器的大信号性能。

(1) 新建一个原理图，将优化后的电路全部复制到新建原理图里，将 Port1 端口替换为 Power sweep 的激励源。设置扫描功率范围为 20 dBm～40 dBm，扫描步进为 1 dB，如图 6.67 所示。

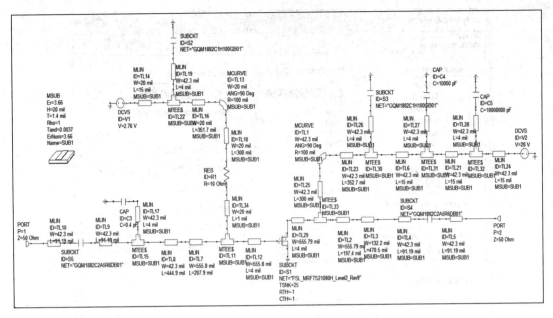

图 6.67　电路原理图

（2）新建测试图表，添加测试项，在测试类型【Measurement Type】栏选择【Nonlinear】下面的【Power】，右侧【Measurement】选择【PGain】，扫描频点【Sweep Freq】依次设置为 2110 MHz、2140 MHz、2170 MHz。其余设置如图 6.68(a)，点击 OK。添加 AMPM测试项，如图 6.68(b)所示。添加 AMAM 测试项，如图 6.68(c)所示。添加 PAE 测试项，如图 6.68(d)所示。

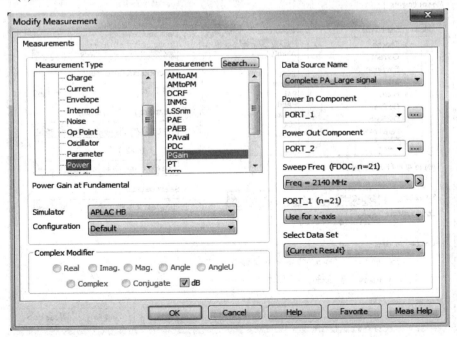

(a) 增益测试项

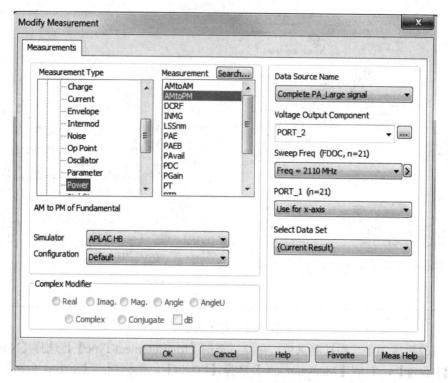

(b) AMPM 测试项

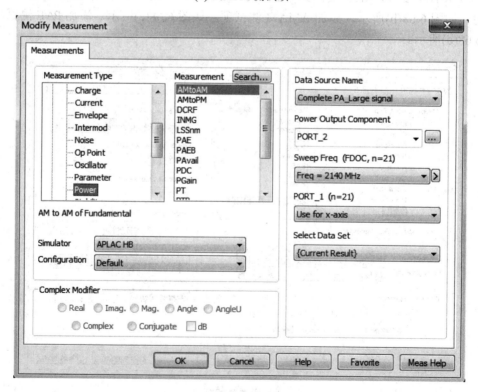

(c) AMAM 测试项

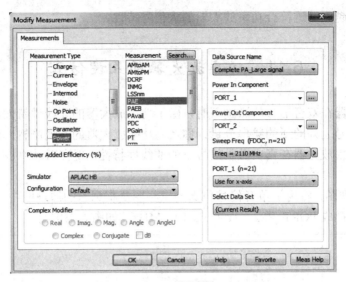

(d) PAE 测试项

图 6.68 测试项添加

(3) 设置完成后，点击仿真运行按钮，得到功率放大器的大信号增益性能如图 6.69 所示。功率放大器的相位特性如图 6.70 所示。功率放大器的输出功率特性如图 6.71 所示。功率放大器的 PAE 效率特性如图 6.72 所示。

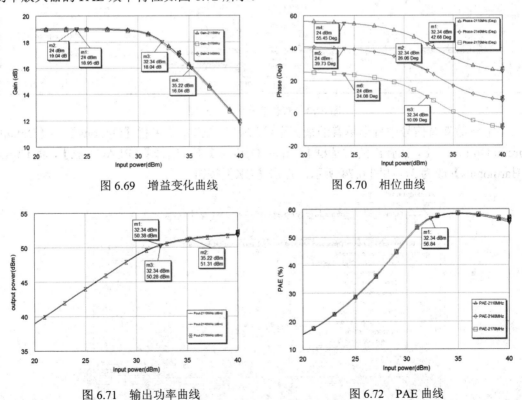

图 6.69 增益变化曲线　　　　　　　　图 6.70 相位曲线

图 6.71 输出功率曲线　　　　　　　　图 6.72 PAE 曲线

从这些结果中可以观察到功率放大器随着输入功率的增大，压缩特性越来越明显，即非线性特性越来越强，这符合功率放大器的大信号特性。

6.11　功率放大器的互调仿真

当功率放大器在双音信号的激励下时，由于功率放大器的非线性特性，将在输出端产生除两个输入信号之外的新的频率分量，称之为功率放大器的互调产物。该互调产物的大小能直观反映功率放大器在真实激励信号下的非线性特性，现在对功率放大器的交调失真特性进行仿真。

(1) 新建原理图，将用于单音信号仿真的电路图复制到新的原理图中，将电路中 Port1 端口的激励源替换成 PORT_PS2，设置 Fdelt=1 MHz，如图 6.73 所示。

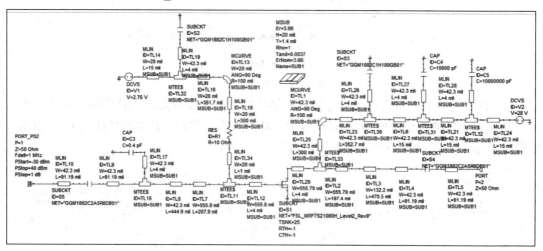

图 6.73　双音信号仿真原理图

(2) 修改双音信号中每个单音的最大谐波次数，点击主菜单栏【Options】→【Default Circuit Options…】，在弹出的对话框【Circuit Options】下，选择【APLAC Sim】，将【Tone 2 Harmonics】改为 3，如图 6.74 所示，点击【OK】按钮。

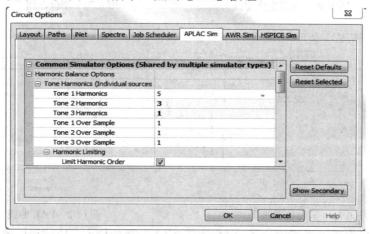

图 6.74　仿真器设置

（3）新建测试图表，添加测试项。在测试类型【Measurement Type】栏选择 Nonlinear 下的 Intermod，在【Measurement】栏选择 IMDN，Index of fund. Comp.下选择(1，1)，Index of IM comp.栏分别选择(2，−1)和(−1，2)，Sweep Freq 选择 Freq=2140 MHz，点击【OK】完成。如图 6.75(a)所示为功放的三阶测试项设置。在该图表下继续添加 5 阶互调测试项，在测试类型【Measurement Type】栏选择 Nonlinear 下的 Intermod，在【Measurement】栏选择 IMDN，Index of IM comp.栏分别选择(3，−2)和(−2，3)，点击【OK】完成。如图 6.75(b)所示为功放的五阶测试项设置。

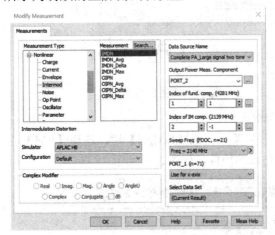

(a) 三阶测试项设置　　　　　　　　(b) 五阶测试项设置

图 6.75　新建测试项

（4）设置完成后，点击仿真按钮进行仿真。双音激励下功率放大器的 3 阶互调如图 6.76 所示。5 阶互调特性如图 6.77 所示。

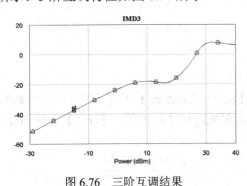

图 6.76　三阶互调结果

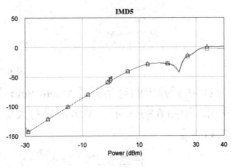

图 6.77　五阶互调结果

6.12　原理图和版图联合仿真

Microwave Office 软件提供了快捷的原理图和版图联合仿真的功能，只要用户的软件安装有 AXIEM 功能，就可以使用联合仿真的功能。具体可以在打开 Microwave Office 软件时，在【Select Optional Features】栏勾选第三个包含"AXIEM"的选项，点击【OK】即可，如图 6.78 所示。

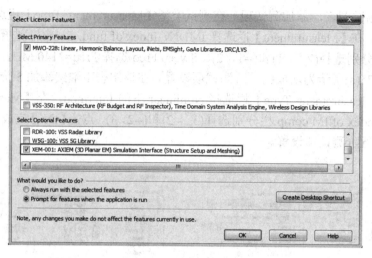

图 6.78　选择仿真套件

(1) 在大信号参数仿真的原理图界面，点击主菜单栏的【Scripts】栏，选择【EM】→【Create_Stackup】，向原理图中添加用于联合仿真的控件，如图 6.79 所示。

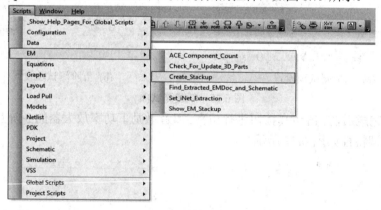

图 6.79　创建叠层

(2) 在新弹出的对话框【Axiem Setup】中，【Select Substrate】下选择用于联合仿真的原理图，如图 6.80 所示。本示例只对大信号下的原理图进行联合仿真，【Grid】选择 5mil，点击【OK】。

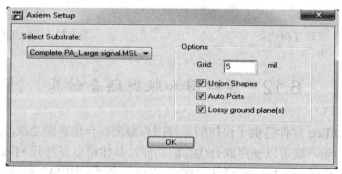

图 6.80　选择介质

(3) 从原理图中可看见新增了两个控件 STACKUP 和 EXTRACT，如图 6.81 所示。

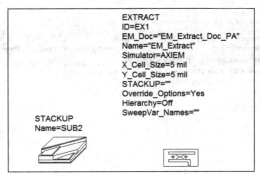

图 6.81 创建生成的叠层控件

STACKUP 设置：用于设置 PCB 的叠层信息，鼠标左键双击，打开参数设置对话框，依次修改 STACKUP 不同页的参数，如图 6.82 所示。

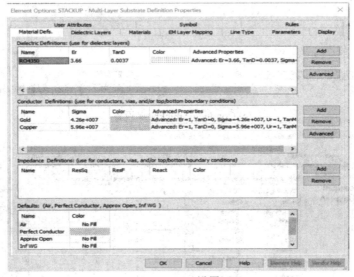

(a) Material 设置

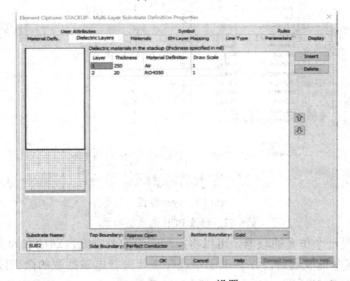

(b) Dielectric layers 设置

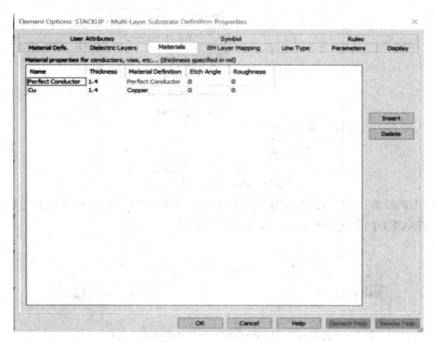

(c) Conductor thickness 设置

(d) EM layer 设置

图 6.82 修改 PCB 的叠层参数

EXTARCT 是一个仿真抽取器，可以将原理图中的微带线自动抽取为用于联合仿真的 layout。加入了这个抽取器后，在原理图中选择需要进行电磁抽取的微带线电路，然后单击鼠标右键弹出如下对话框，如图 6.83 所示。

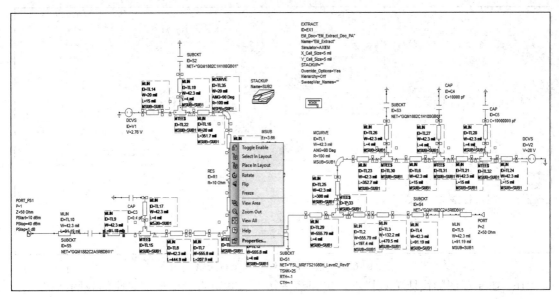

图 6.83　选择抽取元件

(4) 选择【Properties…】，如图 6.84 所示。在弹出的对话框中选择【Model Options】选项，然后在【EM Extraction Options】下勾选【Enable】，检查【Group name】中抽取器的名称是否与原理图中抽取器的名字一致，如果一致，点击【OK】完成设置。

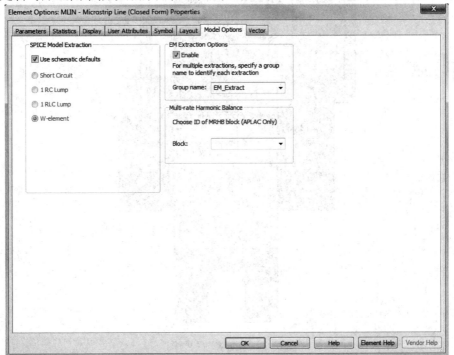

图 6.84　选择电磁抽取器

(5) 设置完成后，在原理图中选中 EXTRACT 抽取器，可看到原理图中用于电磁抽取的微带线全部被红色高亮显示，这便于用户检查需要抽取的微带线是否全部被选中，如图 6.85 所示。

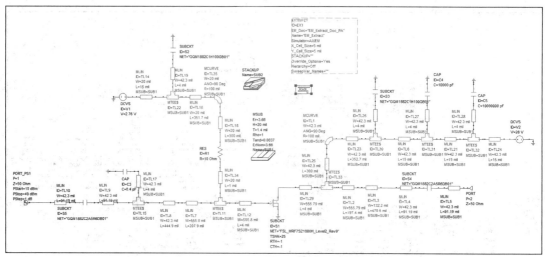

图 6.85　检查被抽取元件是否完整

(6) 在原理图的快捷工具栏下，选择 ⊡ 按钮，此时可查看原理图对应的版图结构，如图 6.86 所示。此时所有的元器件都堆叠在一起，摆放非常混乱。

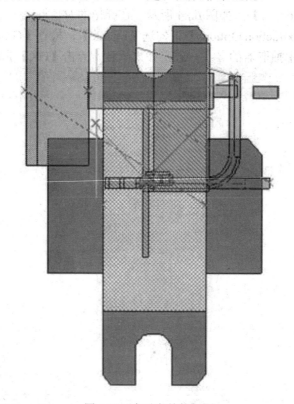

图 6.86　未对齐前的版图

(7) 用快捷键"Ctrl + A"选中版图中所有的器件，在工具栏中鼠标左键单击自动连接工具 ⊞ 按钮，版图中大部分元器件已按照电气属性连接好，但是仍有一部分电路没有摆放整齐，如图 6.87 所示。原因是原理图中有部分元器件没有相应的封装，此时需要为原理图中没有封装的元器件添加封装。

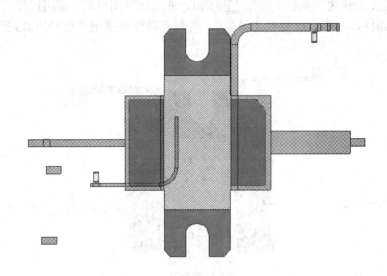

图 6.87　自动摆放后的版图

（8）查看原理图中的分离器件的封装信息。本示例中，栅极 Bias 电路中串联的电阻是理想器件，没有封装信息，需要手动添加。由于原理图中已经导入了 Murata 的电容，相应的封装也已经被导入到工程中，不需要手动新建封装。在原理图中选中理想的电阻元器件，鼠标右键单击，选择【Propeties】选项，选择【Layout】界面，在 Library name 栏搜索 murata_smt_cap，右侧出现许多 SMT 封装，选择 SMTgqm18 作为该器件的封装，点击【OK】完成设置。用相同的方式为其他分立器件添加封装信息，如图 6.88 所示。

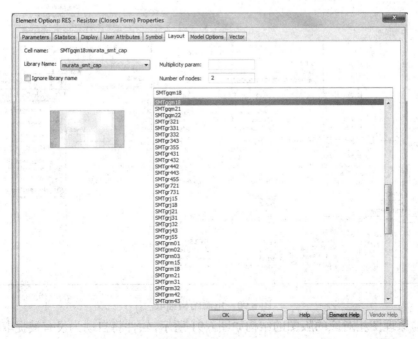

图 6.88　选择元件封装

(9) 在原理图的快捷工具栏下点击 ▣ 按钮，进入到版图页面，使用快捷键"Ctrl＋A"选中所有的元器件，点击自动连接工具 ▤，所有元器件按照电气连接方式进行排列，如图 6.89 所示。

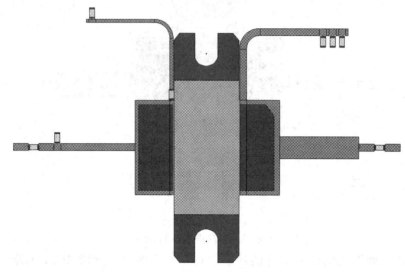

图 6.89　连接对齐后的版图

(10) 版图连好后，回到原理图界面，选中抽取器 EXTRACT，单击鼠标右键，选择【Add Extraction】，如图 6.90 所示。

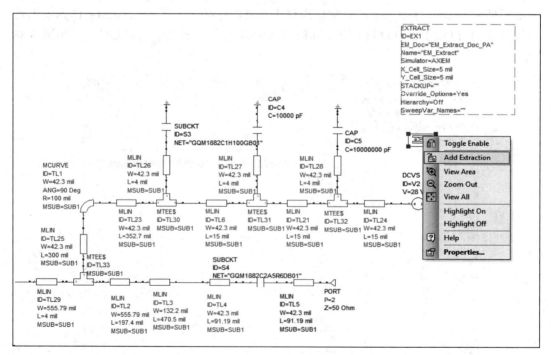

图 6.90　电磁结构抽取

(11) 与原理图相对应的版图的结构如图 6.91 所示，软件将自动为没有被提取的器件连接端添加 Auto port 端口。

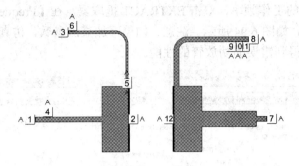

图 6.91　抽取的电磁结构

(12) 返回到原理图界面，如图 6.92 所示。在【Project】界面下的【EM Structures】中选择被提取的 EM 结构，单击鼠标右键，选择【Mesh】进行网格剖分。

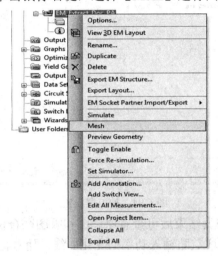

图 6.92　网络剖分

(13) 运行完成后，可查看被抽取部分的网格划分情况，网格划分的密度与仿真精度和仿真速度相关，如图 6.93 所示。为了查看不同角度下的网格划分情况，在按住 alt 键的同时单击鼠标左键进行移动。

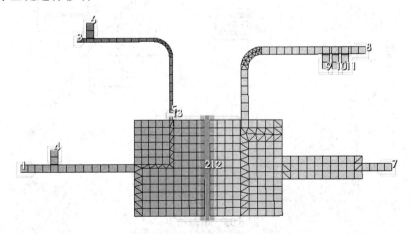

图 6.93　剖分网格后的电磁结构

(14) 设置提取器的工作频率，双击 EXTRACT 提取器，在【Frequencics】栏下将直流加入到工作频率栏中，如图 6.94 所示。注意，如果不加直流参数，仿真时就会出现功放管的静态工作点异常，得到错误的功放管的性能。

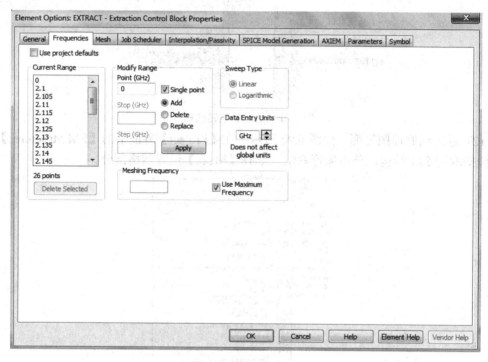

图 6.94　抽取器设置

(15) 运行仿真按钮，仿真结束后可查看原理图和版图联合仿真的结果，如图 6.95 所示。该图是功放管的大信号增益随输入功率的变化曲线，随着输入功率的增加，功放管的增益逐渐呈压缩趋势。

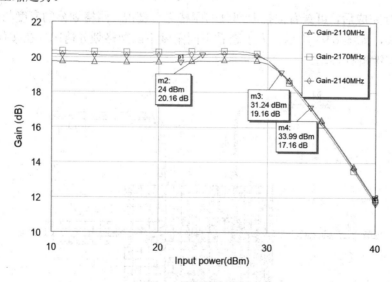

图 6.95　增益结果

图 6.96 所示是功率放大器的相位特性随着输入功率的变化曲线。

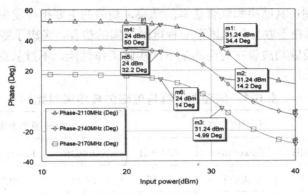

图 6.96 相位结果

图 6.97 所示是功率放大器的输出功率随输入功率的变化曲线。在较小的输入信号下，功率放大器的输出功率与输入功率基本保持线性关系，但随着输入功率的增大，功率放大器逐渐进入饱和区域，非线性特性逐渐加强。

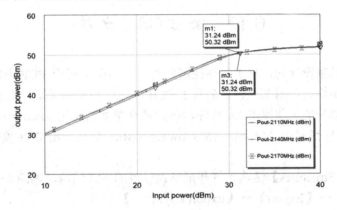

图 6.97 输出功率变化结果

图 6.98 所示是功率放大器的 PAE 特性随输入功率的变化曲线。随着输入功率的增加，即功率放大器的输出功率越大，效率越高，达到功率放大器的饱和后，功率放大器的效率将不再增加。

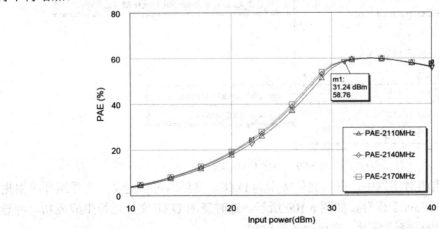

图 6.98 PAE 仿真结果

通过对比原理图仿真结果和联合仿真的结果，功放的主要指标发生了稍许变化，如表 6-1 所示。主要原因在于联合仿真属于一种电磁结构的仿真，考虑了寄生效应和微带线的不连续变化，更能反映功放管在对应匹配下的实际工作性能，不过从总体仿真结果来看，达到了设计预期。

表 6-1　原理图仿真与电磁仿真结果对比

Freq/MHz	原理图仿真			原理图和版图联合仿真		
	Gain/dB	Power/dBm	PAE(%)	Gain/DB	Power/dBm	PAE(%)
2110	18.95	49.77	54.38	19.76	50.32	58.74
2140	19.04	49.81	53.88	20.16	50.32	58.76
2170	18.95	49.71	54.38	20.33	50.32	58.75

6.13　输出 CAD 文件

通常在实际射频设计的过程中，往往需要将设计的图纸交给 PCB 制造厂加工成相应的实物，此时需要将设计的图纸转换成易于 PCB 制造厂识别的类型。由于 DXF 格式文件通常适用于绝大部分的工业用 EDA 软件，现简要介绍如何使用 Microwave Office 软件进行常见的 DXF 文件格式的导出操作。Microwave Office 软件导出 DXF 文件非常简单，具体如下：

(1) 在【EM Structures】结构下打开最终设计好的 EM 结构，如图 6.99 所示，执行菜单命令【Layout】→【Export】→【Export Layout…】。

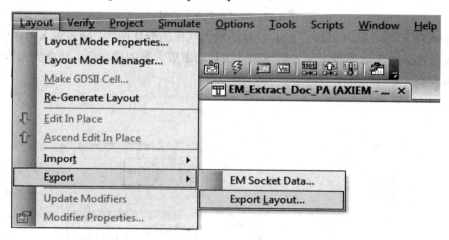

图 6.99　导出 CAD 文件

(2) 在新弹出的对话框中，选择文件类型为 DXF，文件名可自定义，文件路径可根据需要修改，点击【Save】保存，如图 6.100 所示。这时新的 DXF 文件已经生成成功，可导入其他软件对其进行修改编辑，完成版图的绘制。

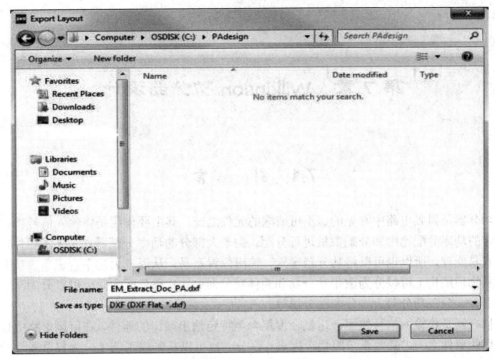

图 6.100 导出 DXF 文件

6.14 小 结

本章首先介绍了功率放大器的基本原理,其次结合 Microwave Office 软件对功率放大器的设计步骤、仿真过程以及最后的 CAD 文件导出进行了详细的示例说明。功率放大器的设计过程包含功率放大器的直流特性分析设计、稳定性分析设计、直流偏置电路设计、输入输出匹配电路设计优化。在示例说明中展示了功率放大器的基本世界观即负载牵引。功率放大器是纯模拟器件,结合辅助设计工具软件能够快速地对功率放大器进行电路设计和问题定位,从而缩短了功率放大器的设计周期,也为功率放大器在实际工作过程中提出了新的设计思路。

第 7 章　Wilkinson 功分器设计

7.1　引　　言

功分器是射频电路中常见的、不可或缺的元件之一，其主要作用是将输入信号功率按照一定的功率分配比率和分配数量进行分配。由于大部分的功率分配器均是无源器件，其满足互易原理，所以也可以将功分器输入、输出位置互易，从而变为功率合成器。功率分配器从物理结构上可以分为微带功分器和腔体功分器。从功率分配数量上可以分为一分二功分器、一分三功分器、一分四功分器等。

耦合器是将输入信号按照一定耦合度耦合至特定输出端口的器件，在射频电路中也属于常用的器件之一。其主要按照耦合度进行区分。也可以从制成工艺上分为集总器件和微带电路式的耦合器。其中集总耦合器具备体积小、功率密度高的特点，在射频电路中被广泛运用；微带耦合器具备成本低、功率容量较大和一致性较高等特点。

Wilkinson 功分器是 1960 年 Ernest J. Wilkinson 首次提出的，具备在所有输入、输出端口均处于完全匹配状态，同时又有较低的传输损耗和较高的功率分配通道间的隔离度，因而一经提出便被广泛使用和研究。

7.2　功分器原理图设计、仿真与优化

7.2.1　Wilkinson 功分器原理图设计及仿真

Wilkinson 功分器作为射频电路中常见的功分器单元而被广泛使用，这里以经典的 Wilkinson 功分器为例进行仿真设计。

设计指标如下：

工作频段：1500 MHz~1600 MHz。

工作频带插损：< 3.1 dB。

通道间隔离度：> 20 dB。

1. 建立工程

(1) 运行 Microwave Office 软件，软件启动后弹出 Microwave Office 的主窗口。软件启动后默认是新建的工程界面。

(2) 执行菜单命令【File】→【Save Project As...】。该操作与 Windows 系统保存文件操作相同，在弹出的保存工程目录对话框选择工程文件的存放目录，这里将工程保存在"C:

\Users\Default\Wilkinson"文件夹中，其中在"File Name"对话框中输入工程名为 "Wilkinson.emp"，在"Save As Type"对话框中选择"Project Files(*.emp)"工程类型，如图 7.1 所示。

图 7.1　保存工程

（3）单击【Save】按钮，完成工程保存。

（4）更改初始仿真环境单位。在仿真工程建立后需要设置仿真工程的单位，在菜单栏 【Option】下点击【Project Option...】，然后在弹出的对话框中选择【Global Units】栏，如图 7.2 所示，对全局变量进行单位设置。

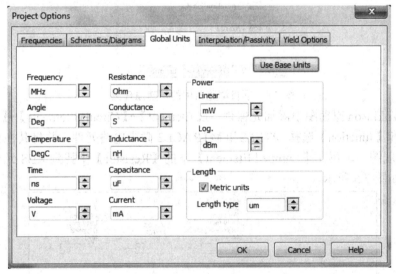

图 7.2　全局单位设置

2. Wilkinson 单元设计及创建

（1）在之前创建好的工程中执行菜单命令【Project】→【Add Schematic】→【New Schematic...】，或者单击工具栏中的 按钮新建原理图，弹出"New Schematic"对话框。在对话框中输入原理图名"Wilkinson"，如图 7.3 所示。

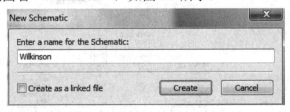

图 7.3　新建原理图

（2）点击【Create】按钮，完成新建原理图，如图 7.4 所示。此时在【Project】下的【Circuit Schematics】条目下会出现刚新建好的原理图。如果想要打开这个原理图，只需用鼠标双击该原理图即可。

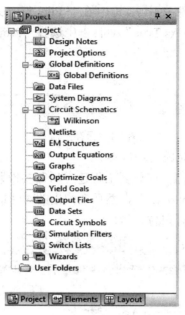

图 7.4　项目浏览器中的新建原理图

(3) 在 Wilkinson 原理图中添加元器件。在【Element】→【Circuit Elements】→【Microstrip】的【Lines】和【Junction】选择 MTEE\$和 MTRACE2 微带电路元件，并将其拖曳到新建的 Wilkinson 原理图中，再在【Lumped Element】下的【Resistor】中找到 RES 元件也拖曳至原理图中，如图 7.5 所示。

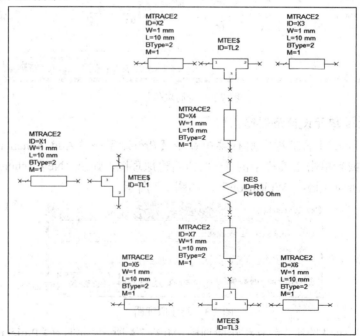

图 7.5　添加元器件

(4) 添加 port 端口。在原理图的工具栏中找到 ，点击添加至原理图中进行连接，连接结果如图 7.6 所示。

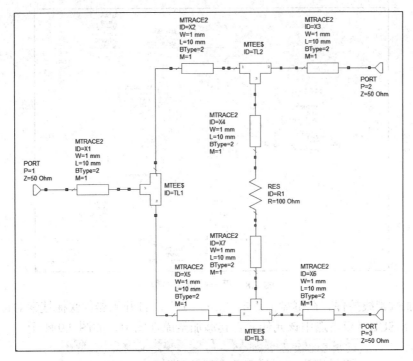

图 7.6　添加 port 端口

(5) 在菜单栏中点击展开【Tools】，然后鼠标左键点击 "TXline…" 如图 7.7 所示。然后在弹出的对话框中选中 Microstrip 选项卡，在其中输入 PCB 板材信息和功分器的仿真频率，点击向右的箭头，计算出中心频率对应的 50Ω 微带线的宽度和四分之一波长对应的微带线长度。记录下计算结果，并按照相同的方法计算出 70.7Ω 在仿真的中心频率下对应的微带线宽度。

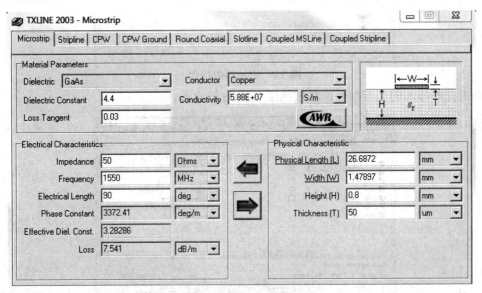

图 7.7　50Ω 微带线计算

(6) 将原理图中的微带线元件按照计算的结果进行参数修改，如图 7.8 所示。

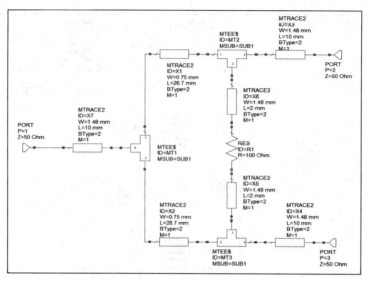

图 7.8　更改微带线参数

（7）添加微带线控件。在键盘上点击"Ctrl + L"，打开元器件快捷搜索对话框，在输入栏中输入 MSUB，双击选中该元件并将其添加至原理图中，如图 7.9 所示。

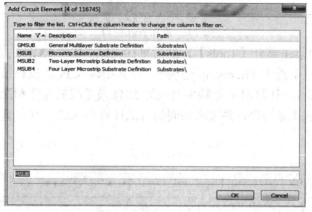

图 7.9　添加微带控件

双击打开添加的微带控件，并按照图 7.10 进行设置。

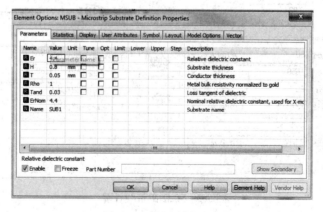

图 7.10　设置微带控件

(8) 在【Project】浏览器中右键【Graphs】选择【New Graph...】，在弹出的结果视图中选择"Rectangular"，即矩形类型显示窗口，并将结果视图命名为"S_Wilkinson"，如图 7.11 所示。

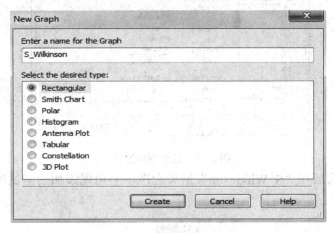

图 7.11　创建功放结果视图

创建好的结果视图会在【Graphs...】下生成，右键点击刚才创建的结果视图，选择"Add Measurement..."弹出仿真类型结果窗口。在"Mearement Types"中展开"Linear"项，点击"Port Parameters"，如图 7.12 所示进行设置。设置完成后点击"Apply"，然后依次更改输出端口和输入端口已得到功分器的 S11、S22、S33、S21、S31 和 S32 参数仿真结果，最后点击【OK】。

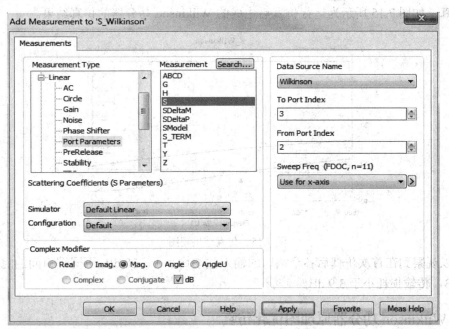

图 7.12　Wilkinson 原理图 S 参数结果视图

在【Project】浏览器中双击"Project Options"选项，在弹出窗口中的"Frequencies"栏中进行设置，设置结果如图 7.13 所示。

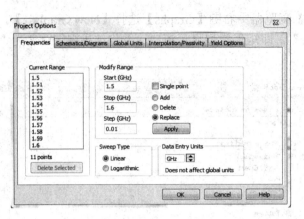

图 7.13　仿真频率设置

添加好测试项后在"S_Wilkinson"结果视图下会出现添加的测试项目，如图 7.14 所示。

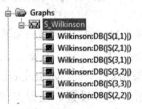

图 7.14　结果视图测试项添加

(9) 点击工具栏中的 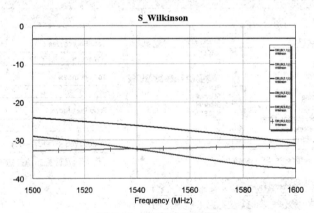（图标）进行电路仿真，或者点击菜单栏中的【Simulate】下的【Analyze】进行仿真，如图 7.15 所示为运行仿真后生成的 Wilkinson 功分器的仿真结果。

图 7.15　仿真结果视图

可以观察到在首次仿真后各个端口的输入驻波均小于 −20 dB，不同端口间的隔离度大于 28 dB，传输损耗小于 3.9 dB。

7.2.2　Wilkinson 功分器原理图优化仿真

首次仿真结果与目标结果仍然有一定差距，此时需要对原理图进行优化以达到仿真目标。具体步骤如下：

(1) 对原理图进行参数调整优化。Microwave Office 软件对变量编写有一些脚本编辑的语法规则，这里我们可以利用这些规则将 X2 元器件的宽度和长度更改为与 X1 元器件相同的参数，如图 7.16 所示。修改以后，后续在修改 X1 元器件参数的时候，X2 元器件会做相应的更改，并保持与 X1 元器件相同的参数。

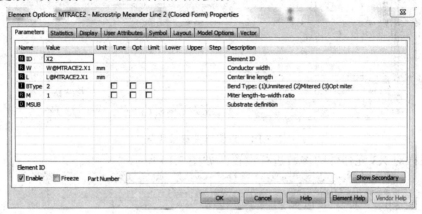

图 7.16　修改微带线参数变量

(2) 与修改 X2 元器件参数的方法与步骤相同，将 X5 元器件参数修改为与 X6 元器件的尺寸一致，将 X4 元器件参数修改为与 X3 元器件的尺寸一致，修改完成后的原理图如图 7.17 所示。

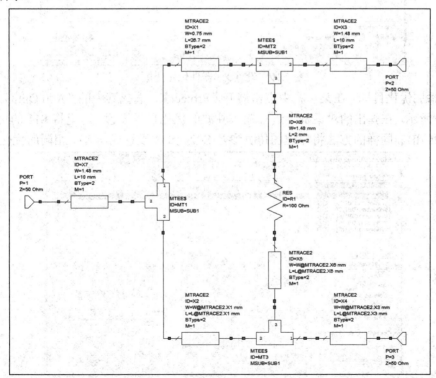

图 7.17　原理图器件参数修改

(3) 对需要优化的元器件的尺寸进行变量的优化定义。双击打开 X1 元器件，如图 7.18 所示进行参数定义。将元器件的宽度尺寸范围限定在 0.1 mm～1.5 mm，步进设置为 0.1 mm。

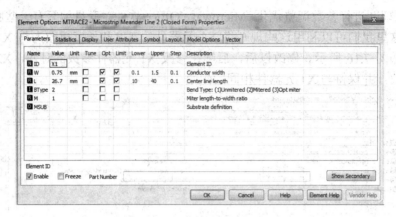

图 7.18 设置器件参数优化

(4) 同样对 X3 元器件的参数进行设置，如图 7.19 所示。

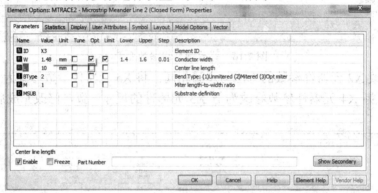

图 7.19 设置 X3 器件优化变量

(5) 添加优化目标。在菜单栏中点击展开【Project】，选择其中的 "Add Opt Goal…"，如图 7.20 所示，在弹出的对话框中进行输入驻波的优化目标设置。这里将 S11 的优化目标设置为–25 dB。同样的方法将原理图仿真参数 S22、S33 设置成与 S11 相同的优化目标。

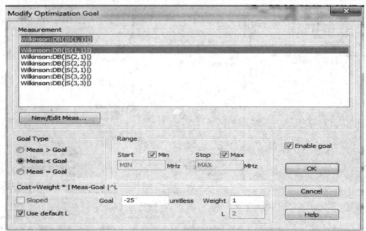

图 7.20 原理图 S11 参数优化目标设置

(6) 点击展开菜单栏中 "Simulate"，并在其内点击 "Optimize"。弹出如图 7.21 所示的对话框，其中可以设置优化迭代次数和优化算法，然后点击 "Start" 按钮进行优化仿真。

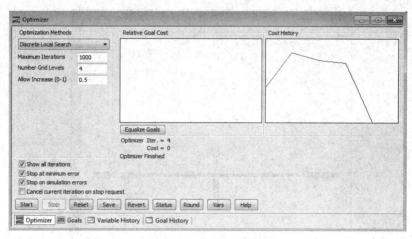

图 7.21　优化仿真设置

仿真结果如图 7.22 所示，其中带斜杠的实线为优化目标。可以看到目前已经达到设定的优化目标。

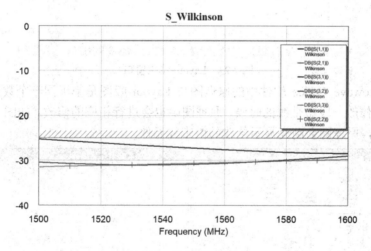

图 7.22　优化仿真结果

7.3　PCB 版图生成与电磁仿真

电磁仿真相较于原理图仿真具备更接近实际电路特性参考意义，且通常以电磁仿真结果为设计基准。在优化完原理图仿真结果后，为了接近于实际 PCB 板上的结果，需要对该功分器进行专门的电磁仿真以得到实际的仿真结果。

7.3.1　Wilkinson 功分器的 PCB 布局

首先需要对原理图生成的 PCB 版图进行的走线布局。点击菜单栏中的 "View"，在其下选择 "View Layout"，进入板图编辑窗口，如图 7.23 所示。Microwave Office 软件中的 Layout 版图界面即 PCB 板图界面。

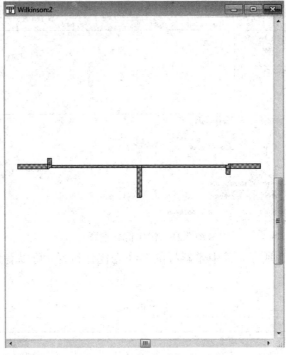

图 7.23　Layout 编辑窗口

　　由于 Microwave Office 软件中的原理图与 Layout 版图是基于同一个数据库，所以在 Layout 视图中修改一段微带线的时候，原理图中也会进行相应的修改。如图 7.24 所示，双击一段微带线，原理图会高亮显示修改的微带线元件。

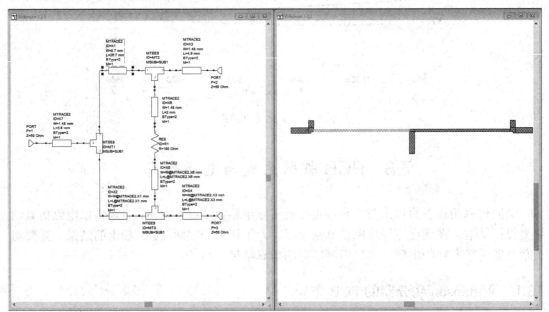

图 7.24　Layout 与原理图关系

　　在 Layout 版图编辑界面中双击微带线进入编辑模式，点击微带线中间的点可以更改其走线形状，如图 7.25 所示。

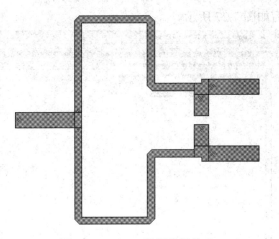

图 7.25　Layout 版图编辑修改

7.3.2　Wilkinson 功分器版图抽取及电磁仿真

　　电磁仿真第一步需要进行 Layout 版图的电磁结构提取。首先进行 PCB 板材的叠层设置，在【Elements】中展开【Circuit Elements】，在"Substrates"下将"STACKUP"控件拖曳至原理图中，鼠标左键双击打开"STACKUP"进行 PCB 的叠层参数编辑。在材料定义栏进行材料编辑，编辑完成后如图 7.26 所示。操作方式是在每一个子框的右侧点击"Add"、"Remove"按钮，此时就会进行相应的添加或者移除对应的材料。

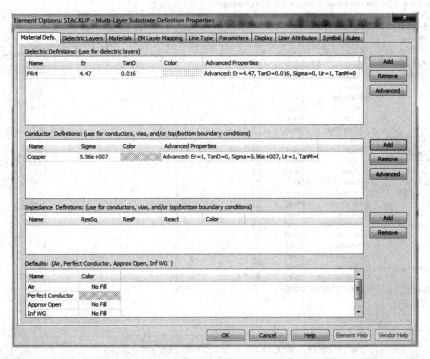

图 7.26　编辑材料定义栏

　　在 PCB 介质定义栏定义 PCB 的叠层设置信息，点击右侧"Insert"按钮进行设置 PCB

叠层信息，设置完成后如图 7.27 所示。

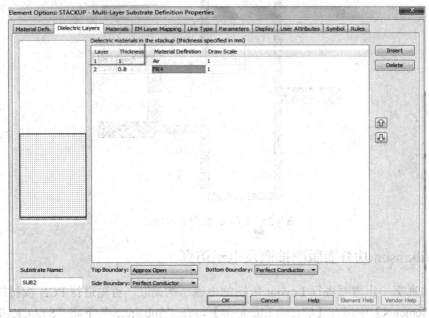

图 7.27　PCB 介质定义

【EM Layer Mapping】栏主要是设置定义电磁仿真的 PCB 叠层信息，如图 7.28 所示设置 PCB 叠层信息。点击【OK】，完成 PCB 的叠层设置。

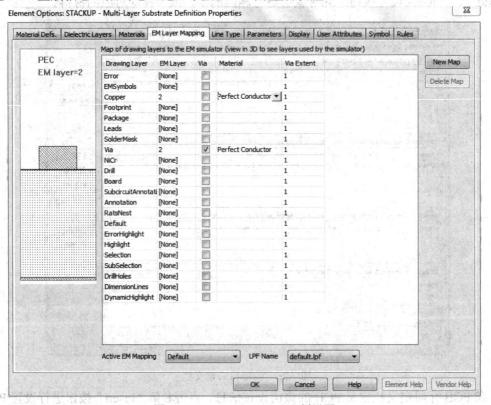

图 7.28　EM Layer Mapping 栏设置

接下来进行整个板图的电磁抽取。在原理图中添加抽取控件，在【Elements】中展开【Circuit Elements】，然后在"Simulation Control"下将"EXTRACT"控件拖曳至原理图中，双击点开"EXTRACT"进行参数设置，如图 7.29 所示。

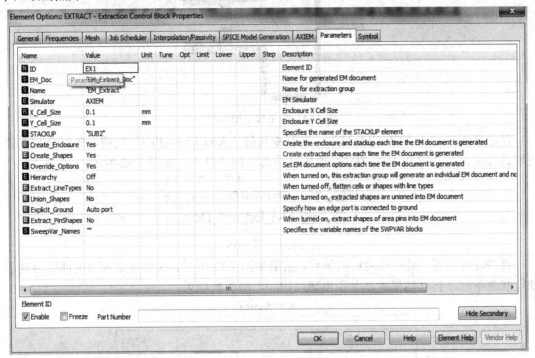

图 7.29　EXTRACT 设置界面

在原理图中双击打开一个微带元件。如图 7.30 所示，在其中的"Model Options"栏，勾选【EM Extraction Options】下的【Enable】选项，在【Group name】后的输入栏中选择刚才添加的抽取器，然后在其他微带线元件上重复相同的操作。

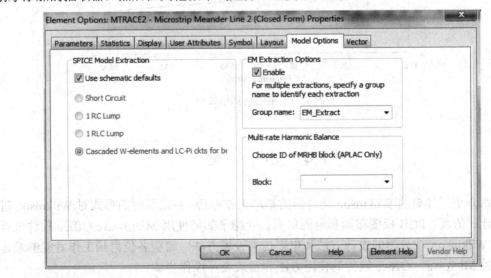

图 7.30　使能微带电磁抽取功能

点击抽取器，可以观察到对应抽取的微带部分会呈现高亮的状态，如图 7.31 所示。

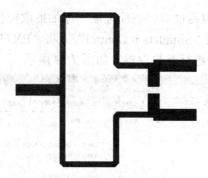

图 7.31　微带线电磁抽取

在原理图中右击"EXTRACT"，在其中选择"Add Extraction"选项，此时会将需要提取进行电磁仿真的 PCB 板图抽取至电磁仿真结构科目下，如图 7.32 所示。

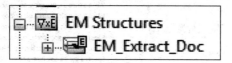

图 7.32　电磁结构

点击运行仿真，进行电磁结构仿真，结果如图 7.33 所示。注意在原理图中抽取器处于使能状态下时，仿真结果才是基于电磁结构的电磁仿真结果。

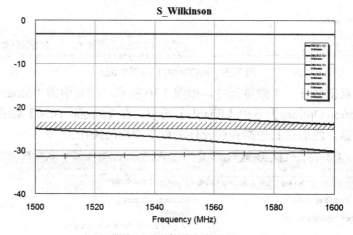

图 7.33　电磁仿真结果

7.4　小　　结

本章介绍了经典的 Wilkinson 功分器的基本工作原理。并以示例的形式对 Wilkinson 进行了设计、仿真、PCB 板图布局和电磁仿真。介绍了如何使用 Microwave Office 软件进行常见的 Wilkinson 功分器的设计方法和电磁仿真设置方法。希望各位射频工作者能够通过本章熟悉 Microwave Office 软件的使用方法和常规设计操作步骤。

第8章 混频器设计

随着无线通信技术的飞速发展，无线通信系统也开始进入快速演变的时期，其中混频器是无线通信系统中常见的部件。受 ADC 及 DAC 速率等限制，通常数字基带信号频率普遍较低，而低频天线的尺寸往往过大，此时需要将有用信号在不破坏信号波形的前提下进行频率搬移。混频器不仅能够将输入信号进行频率搬移，还能够作为产品检测器、解调器、相位检测器和频率乘法器。伴随着微电子技术的迅猛发展，混频器的集成度越来越高，通常一颗集成电路的混频器芯片能够将传统的模拟混频器电路全部集成进去。集成的混频器芯片具备体积小、设计技术成熟、设计方案灵活等优点，所以集成混频器芯片是当前市场中的主流器件。

8.1 混频器基本原理

混频器是一种三端口的非线性器件，其中两个是信号输入端口，另外一个是信号输出端口。两个信号输入端口对应的是射频信号输入端(RF)和本振信号输入端(LO)。信号输出端口对应的是中频信号输出端(IF)。输入信号经过本振信号混频后在输出端口输出混频后的信号。输出的信号包含上变频、下变频和混频过程中由于器件的非线性造成的谐波。

在射频微波电路设计中，通常采用时域上非线性元器件作为混频器。常见的混频器主要分为两种，一种是无源混频器，另一种是有源混频器。无源混频器主要是基于二极管的非线性特性或者无电阻特性进行混频作用。由于其频率限制在于二极管的截止频率，所以可以工作在较高的频段范围内，但是相较于有源混频器，无源混频器基于自身的非线性特征，所以没有转换增益。有源混频器具有转换增益和噪声低的特点，并且有源混频器集成度更高，是当下主流的混频器。

混频器通过将两个不同频率的信号进行相乘来进行频率的和差变换来获得不同的频率，公式见(9-1)

$$A\cos(\omega_1 t)B\cos(\omega_2 t) = \frac{AB}{2}[\cos(\omega_1 - \omega_2)t + \cos(\omega_1 + \omega_2)t] \tag{9-1}$$

输入两个单音信号，信号幅度分别为 A 和 B，通过混频器可以得出和频 $\omega_1 + \omega_2$ 和差频 $\omega_1 - \omega_2$，从而实现频率变换。从数学角度看混频器更像是乘法器。

如图 8.1 所示，常见的混频器结构分为上变频和下变频。由于天线的尺寸与所要传输的信号的频率关系密切。频率越高天线的尺寸就越小，制造难度和成本会降低。所以上变频通常是用于发射端，即下行通道中。相反的是天线接收到的高频信号需要转换为可以供数字处理器能够处理的低频信号，即上变频工作在接收通道或者是上行通道。

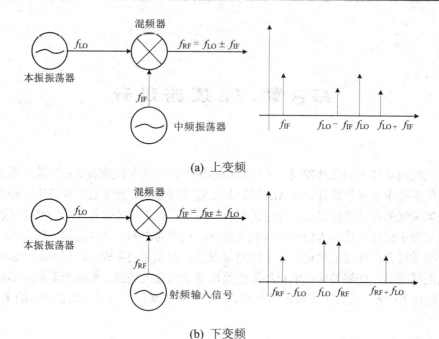

(a) 上变频

(b) 下变频

图 8.1　混频器基本结构

查阅混频器的器件手册后，可以观察到常见的混频器通常具备以下的工作参数：噪声系数、变频损耗、1 dB 压缩点、动态范围、双音三阶交调抑制比、隔离度、本振功率、端口驻波比和中频剩余直流偏差电压。

1. 噪声系数

混频器的噪声定义为公式(9-2)

$$\mathrm{NF} = \frac{P_{\mathrm{no}}}{P_{\mathrm{ns}}} \tag{9-2}$$

P_{no} 是当输入端口噪声温度在所有频率上都是标准温度即 $T0 = 290\ \mathrm{K}$ 时，传输到输出端口的总噪声资用功率。P_{no} 主要包括信号源热噪声、内部损耗电阻热噪声、混频器件电流散弹噪声和本振相位噪声。P_{ns} 为仅有有用信号输入，在输出端产生的噪声资用功率。

2. 变频损耗

混频器的变频损耗定义为混频器射频输入端口的微波信号功率与中频输出端信号功率之比。主要由电路失配损耗、二极管的固有结损耗和非线性电导净变频损耗等引起。

3. 1dB 压缩点

在正常情况下，射频输入电平远低于本振电平，此时中频输出将随射频输入线性变化。当射频电平增加到一定程度时，中频输出随射频输入电平增加的速度减慢，混频器出现饱和。当中频输出偏离线性 1dB 时的射频输入电平即为混频器的 1dB 压缩点。对于结构相同的混频器，1dB 压缩点取决于本振功率大小和二极管特性，一般比本振电平低 6dB。

4. 动态范围

动态范围是指混频器正常工作时的输入功率范围。其下限因混频器的应用环境不同而异，其上限受射频输入功率饱和所限，通常对应混频器的 1 dB 压缩点。

5. 双音三阶交调抑制比

如果有两个频率相近的射频信号 F1 和 F2 和本振 F_{LO} 一起输入到混频器，由于混频器的非线性作用，将产生交调分量，其中三阶交调分量可能出现在输出中频附近的地方，落入中频通带以内，从而造成干扰。通常用三阶交调抑制比来描述干扰程度，其定义为有用信号功率与三阶交调信号功率比值，其单位为 dBc。因中频功率随输入信号功率成正比，当输入信号功率减小 1 dB 时，三阶交调信号抑制比增加 3 dB。

6. 隔离度

混频器隔离度是指各频率端口间的相互隔离程度，包括本振与射频、本振和中频之间的隔离。隔离度定义为本振或射频信号泄漏到其他端口的功率与输入功率之比，单位为 dB。

7. 本振功率

本振功率是指在混频器最佳工作状态时所需的本振功率。原则上本振功率越大，动态范围越大，线性度会改善(1dB 压缩点上升，三阶交调系数会改善)。

8. 端口驻波比

端口驻波直接影响混频器在系统中的使用，它是一个随功率、频率变化的参数。

9. 中频剩余直流偏差电压

当混频器用于鉴相时，只有一个信号输入时，输出信号应为零。但由于混频器配对不理想或巴伦不平衡等因素，将在中频输出一个直流电压，即中频剩余直流偏差电压。这一剩余直流偏差电压会影响鉴相精度。

8.2　混频器设计

Gilbert 混频器也称为 Gilbert 乘法单元，最早是在 1967 年被 Barrie Gilbert 提出并应用于制作混频器，到目前为止其是应用最为广泛的混频器电路。Gilbert 混频器是一种双平衡式的混频器，具备很好的隔离度，并能够通过双平衡式结构对消中频输出端不希望的本振及射频信号。

本节以 BJT 晶体管的 Gilbert 混频器为例，介绍在 Microwave Office 软件中设计 Gilbert 混频器的操作步骤及设计过程。

本示例中的器件库均为非商用的器件库，基于此器件库中的器件设计一个经典 Gilbert 混频器，主要设计指标如下：

本振输入频率：900 MHz。

射频输入频率：1000 MHz。

本振输入功率：15 dBm。

中频输出频率：100 MHz。

转换增益：> 5 dB。

噪声系数：< 18 dB。

工作电压：5 V。

1dB 功率压缩点：＞6.5 dBm。

三阶交调截取点：＞17 dBm。

8.2.1　创建 Gilbert 单元

(1) 运行 Microwave Office 软件，软件启动后弹出 Microwave Office 的主窗口。软件启动后默认是新建的工程界面。

(2) 执行菜单命令【File】→【Save Project As…】，与 Windows 系统保存文件操作相同，在弹出的保存工程目录对话框选择工程文件的存放目录，这里将工程保存在 "C:\Users\Default\Gilbert_mixer" 文件夹中，其中在 "File Name" 对话框中输入工程名为 "Gilbert_mixer.emp"，在 "Save As Type" 对话框中选择 "Project Files(*.emp)" 工程类型，如图 8.2 所示。

图 8.2　保存工程

(3) 单击【Save】按钮，完成保存工程。

(4) 更改初始仿真环境单位，在仿真工程建立完成后需要对之后仿真工程中用到的单位进行设置，在菜单栏【Option】下点击【Project Options…】，在弹出的对话框选择 "Global Units" 栏，如图 8.3 所示设置全局单位。

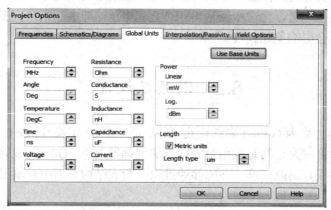

图 8.3　全局单位设置

(5) 在创建好的工程中执行菜单命令【Project】→【Add Schematic】→【New Schematic...】，或者单击工具栏中的 按钮新建原理图，弹出 "New Schematic" 对话框。在对话框中输入原理图名 "Gilbert_Cell"。如图 8.4 所示。

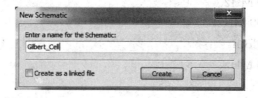

图 8.4　新建原理图

(6) 点击【Create】按钮，完成新建原理图。此时在【Project】浏览器中的【Circuit Schematics】条目下会出现新建好的原理图，如果需要打开这个原理图，只要用鼠标双击该原理图即可。如图 8.5 所示是刚创建的原理图，在【Project】浏览界面中可以观察到。

(7) 在 Gilbert_Cell 原理图中添加元器件。在【Element】→【Circuit Elements】→【Nolinear】→【FET】选择"BSIM3"FET 管并将其拖曳到新建的"Gilbert_Cell"原理图中，然后修改其栅极长度和宽度，如图 8.6 所示。

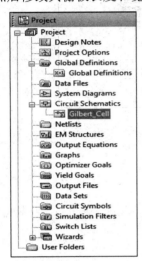

图 8.5　项目浏览器中的新建原理图

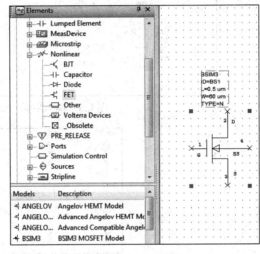

图 8.6　插入 FET 元器件

(8) 将其排列成如图 8.7 所示的本振开关阵列。

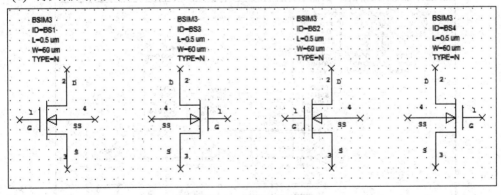

图 8.7　本振开关序列

(9) 添加相同的 FET 器件并将其栅极宽度和长度修改为 120 μm 和 0.5 μm，该器件作为射频平衡输入，FET 管放置在如图 8.8 所示的位置。

(10) 将【Element】→【Circuit Elements】→【Lumped Element】→【Resistor】中的"RES"器件插入原理图，然后将【Element】→【Circuit Elements】→【Sources】中的电流源"DCCS"和电压源"DCVS"添加至原理图。再将【Element】→【Circuit Elements】→【Interconnects】中的"NCONN"元件添加至原理图，该元件可以按照相同网络名进行器件间的电气关系连接并设置电压及网络名，电压网络名设置如图 8.9 所示，然后按照如图 8.10 所示将各个器件连接。

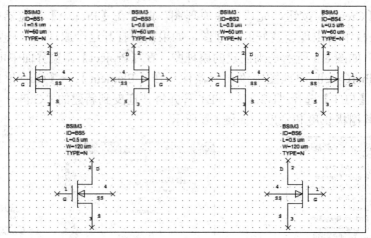

图 8.8　插入射频 FET 器件

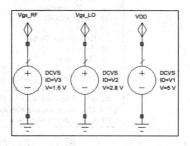

图 8.9　NCONN 元件设置及连接

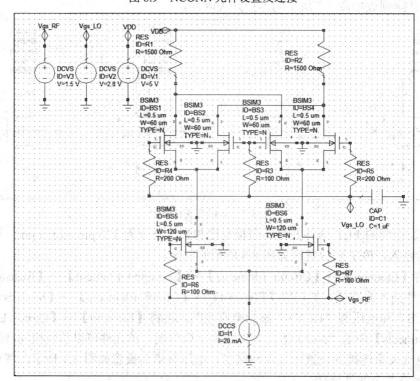

图 8.10　基本 Gilbert 单元连接

8.2.2 创建 FET 功率放大器单元

混频器的增益通常很低，并且单个 Gilebert 单元的输出阻抗很高，此时我们需要给其末端增加放大器对混频器输出信号进行放大，并且使得输出阻抗为 50Ω。

(1) 新建原理图并命名为"AMP_FET"，添加器件并连接，如图 8.11 所示。

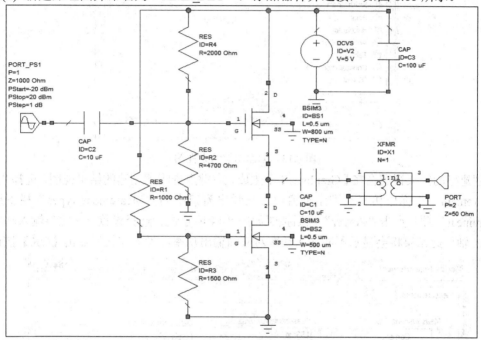

图 8.11　FET 功率放大器

(2) 在【Circuit Schematics】下右键选择"AMP_FET"原理图，点击"Option"选项，按照图 8.12 所示进行工作频率仿真设置。

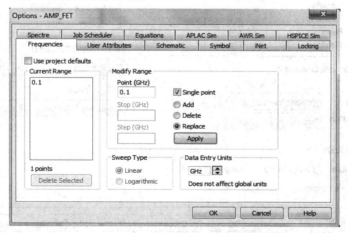

图 8.12　功放仿真频率设置

(3) 在【Project】浏览器中右键【Graphs】选择【New Graph…】，弹出的结果视图中选择"Rectangular"矩形类型显示窗口，并将结果视图命名为"Gain_P1dB_AMP"，如图 8.13 所示。

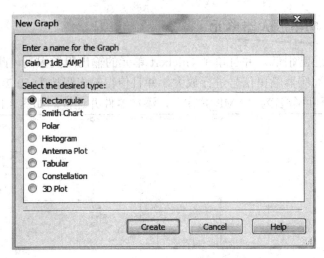

图 8.13　创建功放结果视图

创建好的结果视图会在【Graphs…】下生成，右键点击刚才创建的结果视图，选择"Add Measurement…"弹出仿真类型结果窗口。在弹出窗口中的"Mearement types"栏下展开"Nonlinear"项，点击"Power"然后按照如图 8.14 所示进行选择设置。注意将输入功率设置为 X 轴，此结果将会显示不同输入功率对应的输出功率，设置完成后点击【OK】按钮。

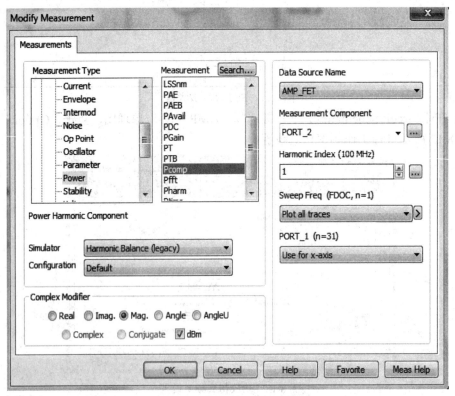

图 8.14　输出功率测试项设置

继续创建测试项功率增益，与上图设置步骤类似，按照图 8.15 进行设置，然后点击【OK】按钮。

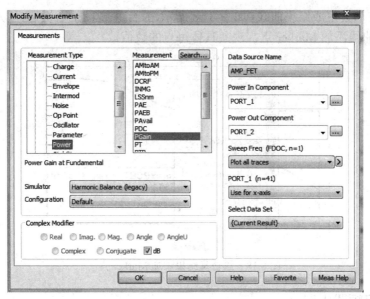

图 8.15 功率增益测试项设置

添加好测试项后在 "Gain_P1dB_AMP" 结果视图下会出现所有添加的测试项目，如图 8.16 所示。

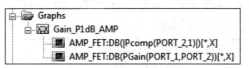

图 8.16 所有测试项

(4) 点击工具栏中的 按钮进行电路仿真，或者点击菜单栏中的【Simulate】下的【Analyze】进行仿真，运行仿真界面如图 8.17 所示。

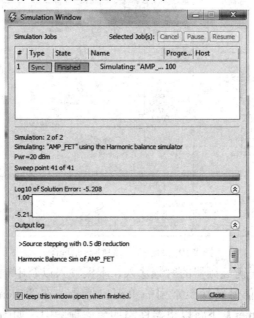

图 8.17 仿真运行界面

（5）仿真完后会生成结果曲线，如图 8.18 所示。在结果视图上右键选择"Add Marker"，给需要观察的曲线添加 Marker 点，观察具体每点的数值。

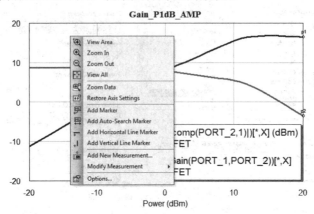

图 8.18　给仿真结果添加 Marker 点

8.2.3　创建混频器电路

（1）创建新的原理图，新原理图命名为"Mixer"，并将"Gilbert_Cell"和"AMP_FET"原理图中的内容拷贝至新建原理图中，复制过程与 Windows 操作系统的操作一样，这里不再赘述。拷贝好的原理图如图 8.19 所示。

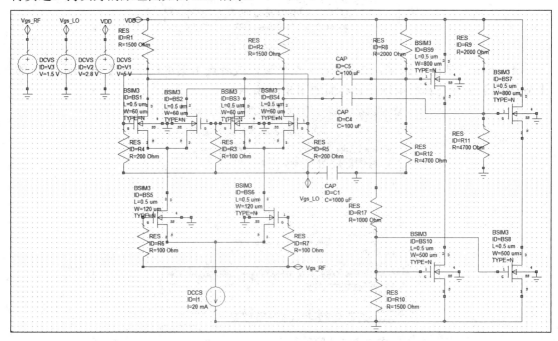

图 8.19　合并后的混频器原理图

（2）由于 Gilbert 双平衡混频器的射频输入、本振输入以及中频输出都是差分端口，所以需要将非平衡双端口信号转换至常用的单端口信号，在【Element】→【General】→【Passive】→【Transformer】下将以下器件添加至原理图中，如图 8.20 所示。

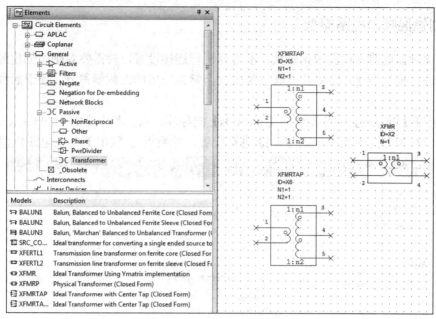

图 8.20　添加平衡非平衡转换器

(3) 在【Element】→【Ports】选中"PORT_NAME"，将其添加至原理图中，并按照图 8.21 修改其名称。

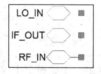

图 8.21　添加 PORT 端口

(4) 完整的混频器电路如图 8.22 所示。

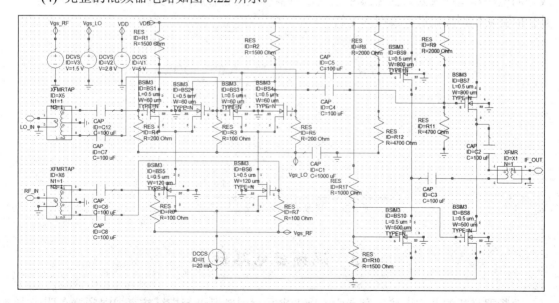

图 8.22　完整混频器电路

8.2.4　创建混频器电路模型

由于混频器电路占用面积比较大，不容易进行连接设置，故需要对刚才创建的混频器基本电路进行模型创建，即将其提取包装成一个常见通用的混频器符号，便于后续的分析调用。

(1) 展开【Project】浏览器中的【Wizards】向导项，双击其中【Symbol Generator】模型生成器，在弹出的界面中按照图 8.23 进行设置，然后点击【OK】生成电路模型。

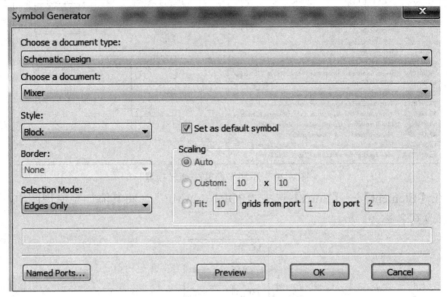

图 8.23　电路模型生成器

(2) 在生成的电路模型中利用菜单栏【DRAW】中的画图工具进行模型的编辑，将生成好的电路模型修改为如图 8.24 所示的混频器模型，然后点击工具栏中"Symbor Edit"工具栏的更新模型按钮进行模型的更新。

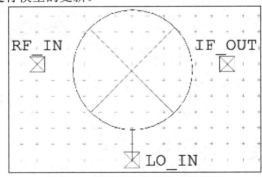

图 8.24　修改后的混频器电路模型

8.3　混频器电路仿真

混频器搭建的基本工作已经完成，接下来是对混频器进行指标仿真。混频器在明确本振输入频率、本振输入功率、中频输出频率后主要关注转换增益、噪声系数、工作电压、1dB 功率压缩点、三阶交调截取点等常见指标。

8.3.1 转换功率增益仿真

(1) 新建原理图并将其命名为"Pwr_Conversion"，在新建原理图"Pwr_Conversion"中将之前创建好的"Mixer"作为子电路添加进来。在菜单栏【Draw】中点击【Add Subcircuit】，在弹出的子电路添加窗口中按照下图进行设置，然后点击【OK】，在原理图中任意处点击鼠标左键完成子电路添加，如图 8.25 所示。

图 8.25　子电路添加窗口

(2) 原理图添加子电路后如图 8.26 所示。添加子电路后，在【Project】浏览器中对应的原理图下也会出现添加的子电路原理图，如图 8.27 所示。

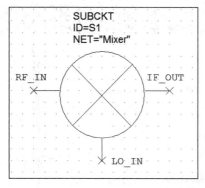

图 8.26　添加至原理图中的子电路

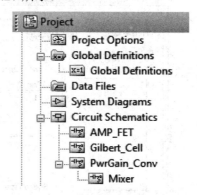

图 8.27　包含子电路的原理图

(3) 然后添加 PORT 端口用于电路仿真。在【Element】浏览器下的【Circuit Elements】中，展开【Ports】项，然后点击【Harmonic Balance】，将其中的"PORT1"和"PORTF"端口元件添加至原理图中，再点击【Ports】，将其中的"PORT"端口元件添加至原理图中，如图 8.28 所示进行连线。

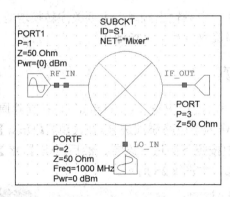

图 8.28   PORT 端口连线

(4) 由于混频器是两个输入信号，一个输出信号，所以此处我们需要对原理图的仿真器进行谐波设置。右键【Project】浏览器中对应的原理图，选择"Options…"选项，如图 8.29 所示。

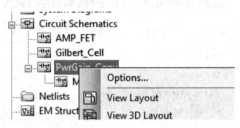

图 8.29   设置原理图

(5) 在弹出的原理图对话框中选择"Frequencies"项，不勾选"Use project defaults"，在右侧输入射频输入频率为 1 GHz，然后点击【Apply】按钮，修改好的频率会出现在左侧"Current Range"显示窗口，如图 8.30 所示。

图 8.30   修改原理图仿真频率

（6）然后进入"AWR Sim"项下，同样不勾选"Use project defaults"，如图 8.31 所示修改其中的参数。

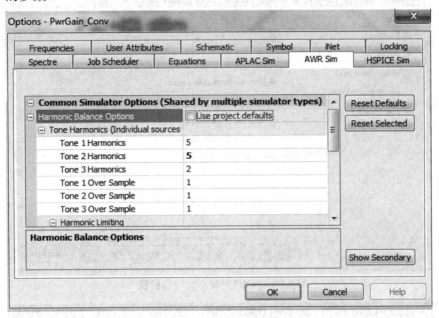

图 8.31　AWR Sim 设置

（7）返回原理图对射频输入的"PORT1"端口进行设置。双击 PORT1 端口，在弹出的对话框中如图 8.32 所示进行设置，设置完后点击【OK】按钮完成端口设置。

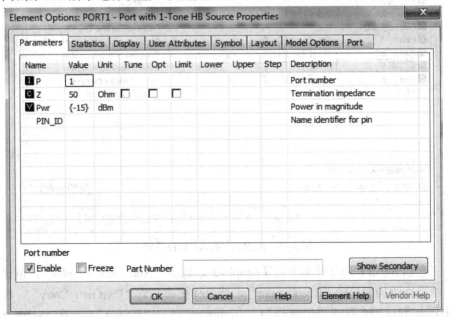

图 8.32　PORT1 端口设置

（8）双击"PORTF"端口，选择进入"Port"端口项，如图 8.33 所示进行勾选设置。然后进入"Parameters"项中，在"Frequencies"后面输入"_FREQH1-100"，单位是 MHz，如图 8.34 所示进行设置。

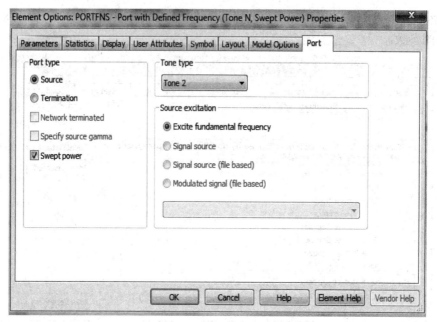

图 8.33　PORTF 端口的端口设置

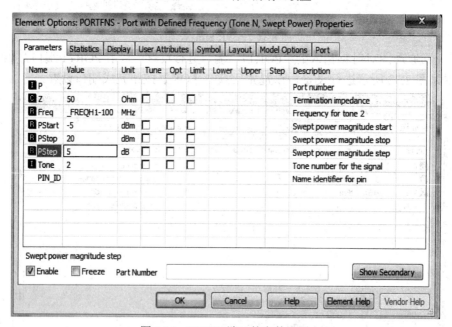

图 8.34　PORTF 端口的参数设置

　　(9) 右键【Project】浏览界面中的【Graphs】，选择"Add New Graphs"，创建新的结果视图。结果视图类型选择"Rectangular"，结果视图命名为"PwrGain_Conv"，然后在结果视图中添加测试项，测试类型选择为"Nonlinear"下的"Power"项，在"Measurement"中选择"LSSnm"测试项，这里仿真器选择"Harmonic Balance"。在输出信号显示数据类型中勾选"Mag"和"dB"，如图 8.35 所示进行设置。点击【OK】，完成测试项目添加。

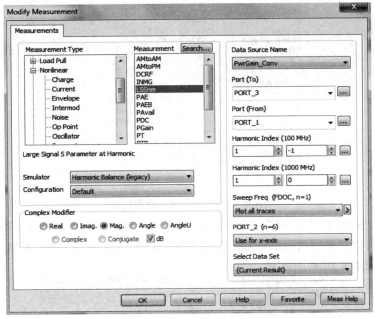

图 8.35 功率转换增益设置

(10) 运行电路仿真。观察仿真结果，如图 8.36 所示。在不同的本振输入功率下，混频器的转换增益会不同。本振输入功率越大，混频器的转换增益越高。

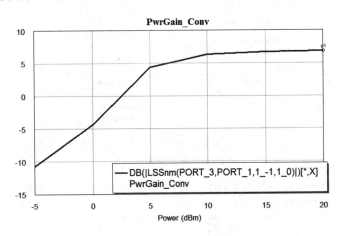

图 8.36 混频器转换增益

8.3.2 1dB 压缩点仿真

1dB 压缩点是混频器重要的非线性指标之一，对于衡量一个混频器在不同输出功率等级下的线性情况具有较强的参考意义。

(1) 新建原理图并命名为"P1dB_Mixer"，按照之前的步骤添加子电路"Mixer"，打开元器件浏览器中"Ports"项目下的"Harmonic Balance"，将其中的"PORT_PS1"和"PORTF"端口元件添加到原理图中。然后再把端口"PORT"添加到原理图中，如图8.37 所示进行设置。

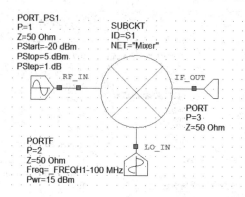

图 8.37　1dB 压缩点原理图

(2) 新建结果视图，并命名为"P1dB_Mixer"，添加测试项目"Pcomp"和"Lssnm"。这两个测试项目分别是测试混频器输出功率和功率增益伴随输入功率的曲线。两个测试项目设置分别是如图 8.38 和图 8.39 所示。

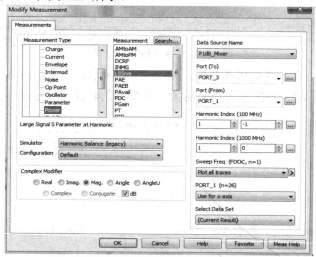

图 8.38　功率增益测试项

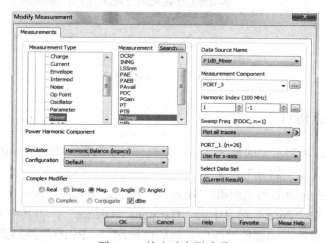

图 8.39　输出功率测试项

(3) 运行仿真，结果如图 8.40 所示。

(4) 在结果视图中点击鼠标右键，在功率增益曲线上添加 Marker 点，然后添加垂直 Marker 线，如图 8.41 所示。

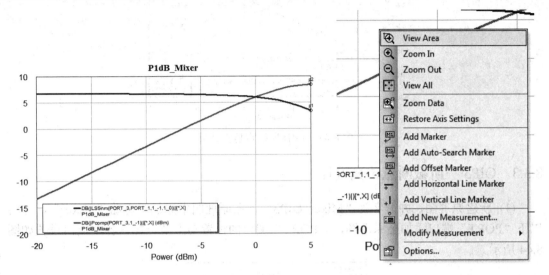

图 8.40　功率压缩点及功率增益仿真结果　　　　图 8.41　添加 Marker 点及 Marker 线

点击其中的"Options…"选项对结果视图进行参数设置，结果视图可以对显示的结果曲线类型、坐标轴、"Markers"等进行设置，如图 8.42 所示对"Markers"项进行设置，点击【OK】按钮完成设置。

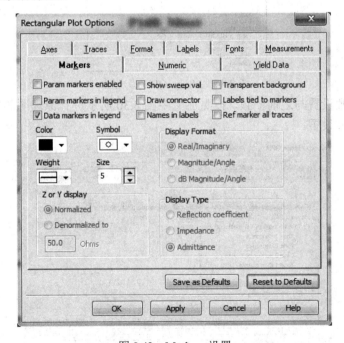

图 8.42　Markers 设置

(5) 将垂直"Marker"线拖曳至 1 dB 增益压缩点处，如图 8.43 所示，可以看到混频器的 1 dB 压缩点在 6.849 dBm。

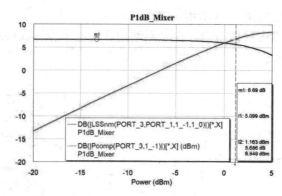

图 8.43　1 dB 压缩点仿真结果

8.3.3　OIP3 三阶截断点仿真设计

(1) 新建原理图，并命名为"Mixer_OIP3"，在原理图中添加子电路"Mixer"，并将以下"PORT"端口添加至原理图，"PORT"端口的位置与上节一样，各个端口设置如图 8.44 所示。

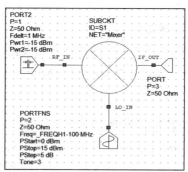

图 8.44　Mixer_OIP3 原理图

原理图的参数设置与之前一致。按照前文中图 8.30 所示进行原理图的频率设置。如图 8.45 所示进行谐波设置。

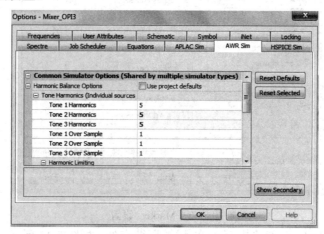

图 8.45　Mixer_OIP3 原理图谐波参数设置

(2) 创建完原理图后，需要观察混频器的三阶截断点指标。此时创建结果视图，并命名为"Mixer_OIP3"，在该结果视图中添加测试项，如图 8.46 所示进行设置。其中横坐标选择本振输入功率，纵坐标对应的是输出三阶截断点。

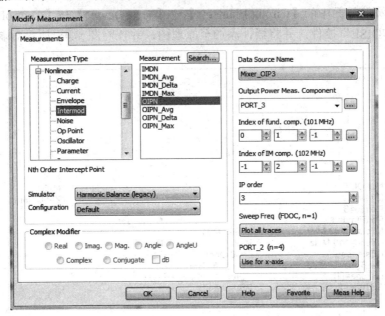

图 8.46　OIP3 测试项

(3) 运行仿真，如图 8.47 所示。可以看到伴随着本振输入功率的增加，OIP3 也在增加，可以说本振功率提升了混频器的线性。在本振输入功率为 15 dBm 条件下，OIP3 为 18.58 dBm。

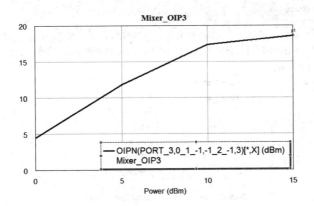

图 8.47　混频器 OPI3 仿真结果

8.3.4　噪声仿真

噪声作为混频器重要指标之一，用来衡量信号经过混频器后对噪声的贡献。由于天线往往能够接收超过系统工作频段的信号，因此在电路链路设计时通常在混频器前段会放置滤波器滤除镜像频率等对混频器无用的信号，所以我们观测到的一般是单边带信号噪声。

(1) 新建原理图，并将原理图命名为"Mixer_Noise"，在原理图中添加子电路"Mixer"，并添加"PORT1"、"PORTFNS"、"PORT"端口到原理图中，添加过程与前文一致。除此之外，需要添加噪声控件用于仿真混频器的噪声系数。噪声控件"NLNOISE"在【Elements】浏览界面中的【Circuit Elements】→【MeasDevice】→【Controls】下，点击其中的"NLNOISE"控件，并将器件添加至原理图，并按照图 8.48 所示对端口及噪声控件进行设置。

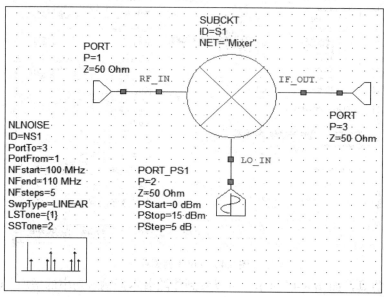

图 8.48　混频器噪声仿真原理图

如图 8.49 所示将原理图频率修改为 0.9 GHz。

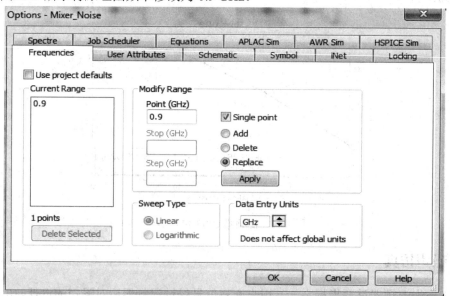

图 8.49　修改原理图参数

(2) 创建仿真结果。在"Graphs"中创建矩形视窗类型的仿真结果视图，并将该视图命名为"Mixer_Noise"，在该结果视图中添加测试项，如图 8.50 所示。

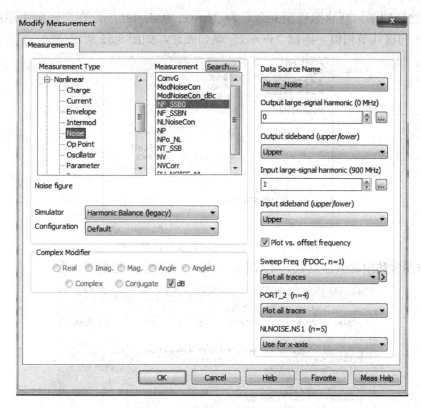

图 8.50 单边带噪声系数测试项

(3) 运行仿真，并观察仿真结果。如图 8.51 所示，随着本振输入功率越高，噪声系数越好，说明本振输入功率是混频器中噪声系数影响的主要因素之一。本振输入功率在 15 dBm 时的噪声系数为 16.91 dB。

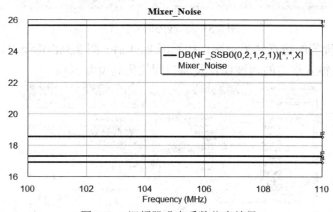

图 8.51 混频器噪声系数仿真结果

8.3.5 回波损耗与隔离度设计及仿真

良好的输入驻波能够保证混频器与前级有良好的匹配状态，同时也能够改善因失配造成的损耗。隔离度能够降低混频器射频与中频本振之间的信号干扰，从而提高信号质量。

(1) 创建原理图。新建原理图并命名为"Mixer_RSL_ISL"，在原理图中添加子电路"Mixer"，与前几节相似，添加"PORT"端口元件，如图 8.52 所示。

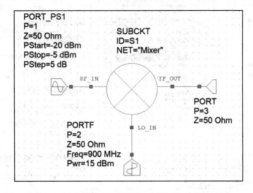

图 8.52　回波损耗及隔离度仿真原理图

将原理图参数中的频率设置为 1 GHz，如图 8.53 所示进行谐波设置。

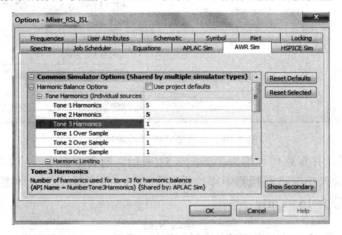

图 8.53　原理图谐波设置

(2) 新建矩形视窗的仿真结果视图，按照图 8.54(a)～图 8.54(b)所示的设置分别添加射频输入端口及本振输入端口的回波损耗及端口间的隔离度测试项。

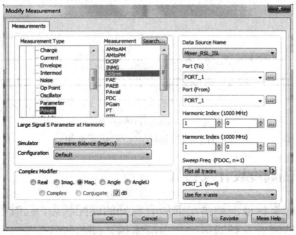

(a) 射频端口大信号 S11 测试项

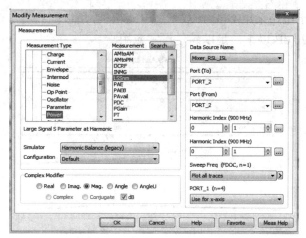

(b) 本振端口大信号 S11 测试项

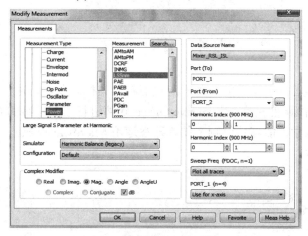

(c) 本振至射频端口隔离度测试项

(d) 射频到本振端口的隔离度

图 8.54 测试项添加

(3) 添加完测试项后运行电路仿真，如图 8.55 所示。可以观察在不同射频输入功率等级下的端口特性,由于电路采用 Gilbert 双平衡电路架构,所以隔离度可以做到 60 dB 以上,端口 S11 参数也有−20 dB 以下,足以满足日常应用。

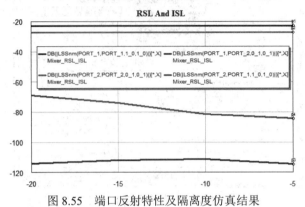

图 8.55　端口反射特性及隔离度仿真结果

8.4　小　　结

本章介绍了有源芯片中常见的一种平衡式混频器架构。本章首先介绍了混频器的基本原理和常见的设计指标,然后用 Microwave Office 软件进行了芯片级的 Gilbert 混频器电路设计。希望通过本章学习能够使射频工作者熟悉运用 Microwave Office 软件仿真混频器的方法和常规设计步骤。

第 9 章　通信系统链路仿真

9.1　无线通信系统简介

　　人们使用无线通信技术已经有一百多年的历史。无线通信技术可以连接各个终端通信设备，并且不用铺设大量线缆进行通信，节约了大量的线缆铺设成本、提高了通信的便捷性，同时又降低了终端移动设备的通信成本。最早的蜂窝电话系统分别于 1979 年和 1981 年在日本和欧洲先后建成，当时是为了解决为城市大范围人群提供移动通信业务的问题。这个系统将一个区域分为互相不重叠的蜂窝，每个蜂窝都具备自己的收发系统即现今的基站，该基站的作用是与处于该区域内的无线移动用户进行移动通信业务。由于人们对于移动通信服务的需求快速增长，并且伴随着现代半导体工艺的快速发展，单个芯片的集成度越来越高，可实现的功能越来越多，移动通信基础设施也快速地发展。基站由过去的模拟频率调制进入了数字调制方式。相比于模拟频率调制方式，数字调制方式能够提供快速准确的服务并能够相对高效地利用有限的频谱资源。后续也逐渐出现了 GSM、CDMA、WCDMA 和现在的 LTE 等无线通信系统。

　　常见的无线系统通常包含接收系统与发射系统，顾名思义，接收系统是通过天线接收来自空间的通信信号，并将其转换为基带处理器能够处理的基带信号。这些通信信号基于不同的调制方式呈现不同的信号特点。而发射系统是将基带信号变为适合天线发射的信号，通过天线发射至空间中，进而能够被其他接收设备接收。天线的尺寸主要与天线辐射的通信信号频率相关，频率越高尺寸越小，这也就导致发射到空间中的信号频率不能过低，否则会使得天线尺寸过大。

　　在无线通信系统中，电磁信号的传输常被地面、植被、树林、建筑物及海平面反射和折射，这些反射和折射的信号与原有信号叠加，叠加信号的强度取决于两个叠加信号的相位，相位相同时信号叠加程度最大，相位相反时信号叠加程度最小，这种现象被称为无线通信系统中天线的多径传输效应。

　　每天地球上有上亿人使用无线通信网络，可以说无线通信技术与人们的日常生活息息相关。伴随着人们对数据量需求的爆炸式增长和计算机计算数据处理能力的大幅度提高，物联网概念、穿戴设备、无人驾驶、大数据等新兴市场对于无线通信技术的数据传输速率、数据吞吐率、用户覆盖面等也提出了更高的要求。

9.2　无线通信系统指标分析

9.2.1　噪声

对于常见的无线通信系统，噪声具有举足轻重的地位，噪声决定了接收系统中能够被可靠检测到的最小信号电平。接收机中的噪声不止来源于天线接收到空间的噪声，还有接收系统内部的噪声。在通信系统中的噪声通常是由链路上各种器件和材料产生的。常见的噪声有以下几类：

(1) 热噪声是最基础的噪声，它是由被束缚的电荷的无规则热运动造成的。

(2) 散弹噪声是由固态电子器件中的电子随机涨落造成的。

(3) 闪烁噪声发生在固态电子器件中，闪烁噪声功率与固态器件的频率呈反比关系。

(4) 等离子体噪声是由电离气体中的带电粒子随机运动造成的。

(5) 白噪声即为不随频率改变的噪声，是环境的固有噪声。白噪声功率在微波频段中可近似表达为

$$P_n = kTB \tag{9-1}$$

其中 k 是波尔兹曼常数，T 是热力学温度，B 是系统带宽。

噪声系数是另一种表征系统噪声的常见指标，它是衡量系统在元件输入和输出所需要的功率与产生的噪声功率之比。如果系统中产生了噪声，通常系统输出的噪声功率要比输出信号大。

噪声系数定义为

$$F = \frac{S_i / N_i}{S_o / N_o} \tag{9-2}$$

对于通信系统而言，级联系统的噪声系数更为有意义，以下是级联系统的噪声系数表达式

$$F_{\text{tot}} = F_1 + \frac{F_2 - 1}{G_1} + \frac{F_3 - 1}{G_1 G_2} + \cdots \tag{9-3}$$

1dB 压缩点也是一个重要参数。通信系统并不是在所有输入功率下都是线性的，随着输入功率增加到一定数值，输出功率开始不再线性增长。通常用低于理想放大系统输出 1dB 时的输出功率来定义通信系统的 1dB 压缩点，它表示系统输出功率开始进入饱和，如果强制使得系统输出更大的功率，系统功率放大链路将会损坏。

9.2.2　动态范围

1. 线性动态范围

在通信系统中，通常都希望系统呈现理想的线性性能，因为线性系统的杂散功率更小，信号质量更高。对于通信系统，能够检测到的最小信号输入功率要高于系统的噪声基底，

而最大线性信号的输出功率是低于系统的功率压缩点的。这一段基本是通信系统的线性工作区间，即为线性动态范围，如图 9.1 所示。

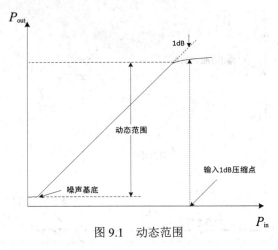

图 9.1　动态范围

2. 无寄生动态范围

对于通信系统，我们希望其具有最小的寄生响应。输出功率的三阶交调分量对于系统的寄生响应贡献最大，将三阶交调分量产物的功率等于噪声的最大电平定义为无寄生动态范围。

$$DR(dB) = \frac{2}{3}(P_3 - N_o) \tag{9-4}$$

其中 DR 是系统的无寄生动态范围，N_o 是系统最大噪声输出功率，P_3 是系统的输出三阶截断点。

9.2.3　三阶截断点与 1dB 压缩点

1. 三阶截断点

三阶信号相对于一阶输入信号具备不同的增益，可以说三阶产物的输出功率按输入功率的立方比增长，所以在输入输出功率关系图中一阶信号与三阶信号曲线存在不同的斜率，而它们的延长线必然存在一个交点，这个假想的交点称为三阶截断点。通常三阶截断点发生在比 1 dB 压缩点更高的功率电平上。

作为通信系统，我们更加关注整个系统级联后的线性指标，两个级联系统的三阶截断点定义如下，

$$P_3 = \left(\frac{1}{G_2 P_3'} + \frac{1}{P_3''} \right)^{-1} \tag{9-5}$$

其中 G_2 是第二级系统的增益，P_3' 是第一级系统的三阶截断点，P_3'' 是第二级系统的三阶截断点，P_3 是级联后整个系统的三阶截断点。

2. 1dB 压缩点

在无线通信系统中，纯线性的通信系统是不存在的，通信系统的输出功率随着输入功

率的增大会逐渐进入非线性区域，即输出功率不再随着输入功率的增加呈现线性变化。如图 9.2 所示，定义实际输出功率与理想线性输出功率相差 1dB 时的输出功率为 1dB 功率压缩点。

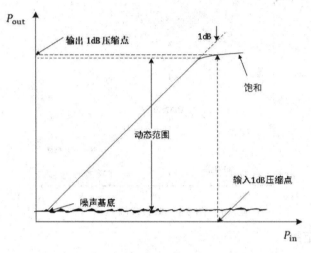

图 9.2　1dB 压缩点

9.3　通信系统仿真设计实例

9.3.1　通信系统设计

在 Microwave Office 软件中搭建一个典型的通信系统，具体操作过程如下。

1. 建立工程

(1) 运行 Microwave Office 软件，软件启动后弹出 Microwave Office 的主窗口，软件启动后默认是新建的工程界面。

(2) 执行菜单命令【File】→【Save Project As...】，与 Windows 系统保存文件操作相同，在弹出的保存工程目录对话框中选择工程文件的存放目录，这里将工程保存在"C:\Users\Default\SystemRF"文件夹中，其中在"File name"对话框中输入工程名为"System_RF.emp"，在"Save as type："对话框中选择"Project Files(*.emp)"工程类型，如图 9.3 所示。

图 9.3　新建工程

(3) 单击【Save】按钮，完成保存工程。

(4) 更改初始仿真环境单位，在仿真工程建立完成后需要对之后仿真工程中用到的单位进行设置，在菜单栏【Option】下点击【Project Option...】，在弹出的对话框选择"Global

Units"栏，如图 9.4 所示设置系统单位。

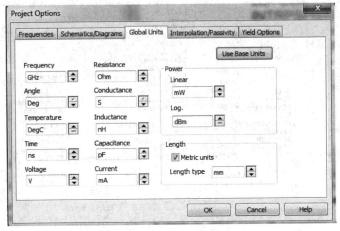

图 9.4　全局单位设置

2. 系统链路设计

(1) 在新建的工程下创建系统原理图，与电路原理图操作方法类似。在【Project】浏览界面中右击【System Diagrams】选择"New System Diagram"。如图 9.5 所示。在弹出的界面中，输入系统原理图名称"RF System"，点击【Create】按钮完成原理图创建。

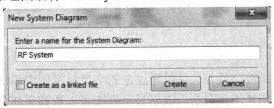

图 9.5　创建系统原理图

(2) 在新建的系统原理图中添加系统元件。在【Element】浏览界面中【System Blocks】类别下将【Sources】中的"TONE"元件添加至原理图。还有一种简便的方法，点击原理图界面，按键盘"CTRL + L"键，在弹出的界面搜索栏中输入"TONE"，如图 9.6 所示，出现相对应的元件，Path 中对应的是该元件的实际存放位置，选中并点击【OK】就可以将该元件添加进原理图中了。

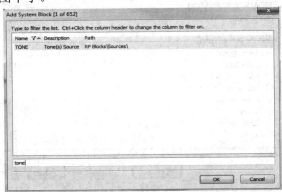

图 9.6　快速添加器件

(3) 使用相同方法在系统原理图中添加如图 9.7 所示的元件，并进行参数设置及连线。

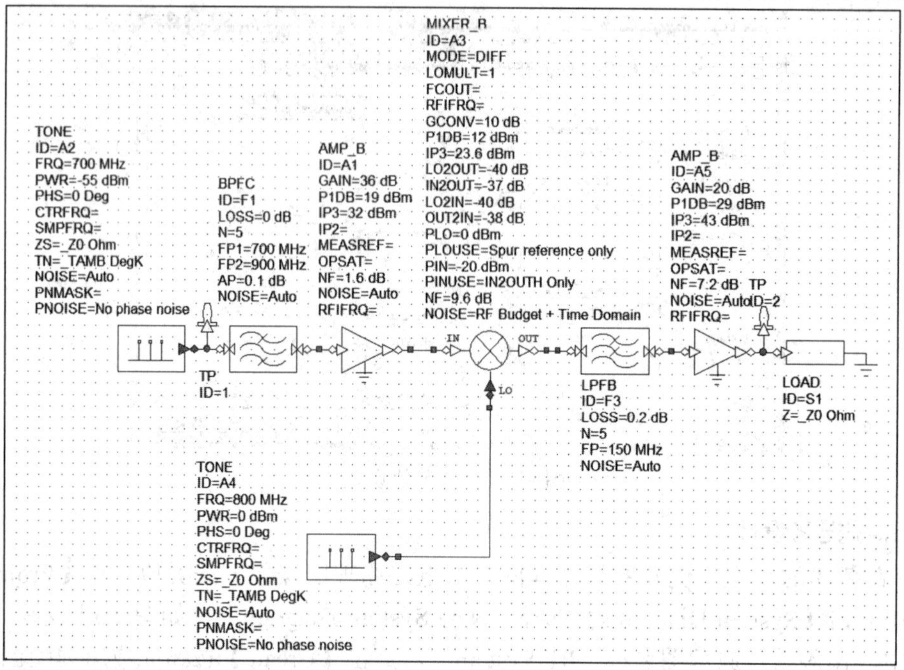

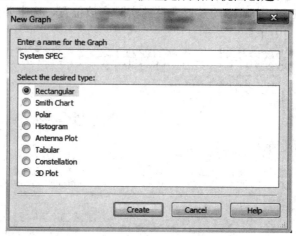

图 9.7　系统电路图

9.3.2　系统仿真结果

为了观察上节的系统链路特性，可以通过在表格显示视图中添加对应系统链路的具体参数来实现系统链路的仿真结果分析。表格显示视图可以观察系统各个级的电路特性，从而方便分析系统的各个电路性能对整个系统的性能影响。具体操作步骤如下：

(1) 创建新的结果视图，在【Project】浏览器中右键【Graphs】，然后点击 "New Graph…"，如图 9.8 所示。在弹出的界面的 "Enter a name for Graph" 下输入 "System SPEC"，视图类型选择 "Rectangular"，点击【Create】按钮完成结果视图创建。

图 9.8　创建系统频谱结果视图

(2) 在创建的结果视图中点击鼠标右键，选择"Add New Measurements…"，在弹出的界面中，测试类型选择"System"下的"Spectrum"，如图 9.9 所示进行设置，点击【OK】完成测试项添加。

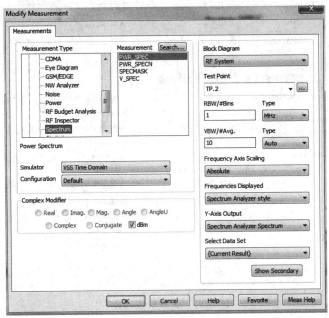

图 9.9　系统频谱测试项

(3) 添加文本类型的显示结果。在【Project】浏览界面中右击【Graphs】选择"Add New Graph…"，在弹出的对话框中如图 9.10 所示进行设置，显示类型选择"Tabluar"。

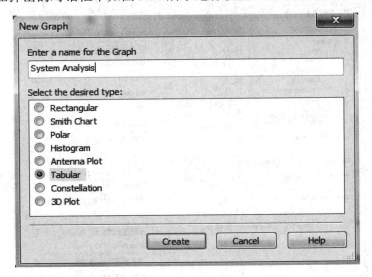

图 9.10　创建表格显示视图

(4) 在新建的"Tabluar"显示类型结果视图中添加系统级联噪声系数、系统级联 OIP3、系统级联 IM3 和系统级联增益。如图 9.11 所示，添加测试项系统级联噪声系数，在"Measurement"框中点击"C_NF"测试项，点击【OK】按钮。

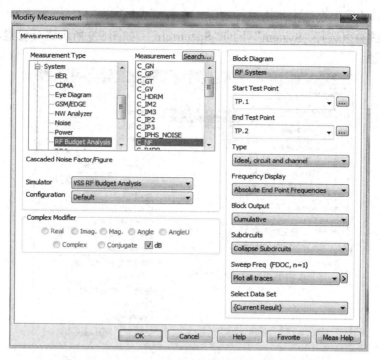

图 9.11　系统级连噪声

(5) 按照如图 9.12 所示,添加测试项系统级联 IM3,在"Measurement"框中点击"C_IM3"测试项,然后点击【OK】按钮。

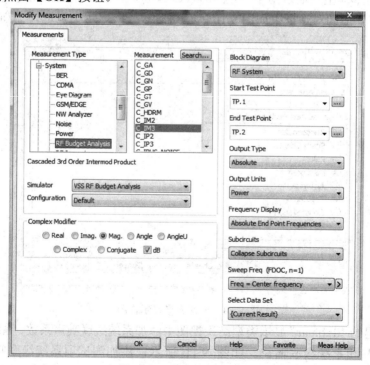

图 9.12　系统 IM3 测试项

(6) 添加测试项系统级联 OIP3,如图 9.13 所示。在"Measurement"框中点击"C_IP3"

测试项，然后点击【OK】按钮。

图 9.13　系统 IP3 测试项

(7) 添加测试项系统级联增益，如图 9.14 所示。在"Measurement"框中点击"C_GP"测试项，然后点击【OK】按钮。

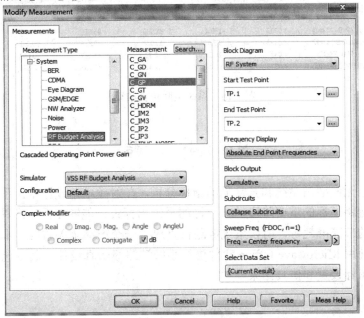

图 9.14　系统级联增益

(8) 添加测试项系统 1dB 压缩点，按照如图 9.15 所示。在"Measurement"框中点击"C_P1DB"测试项，然后点击【OK】按钮。

图 9.15　系统级联 P1dB

(9) 点击运行仿真，系统仿真结果如图 9.16 所示。从中可以观察每个元件节点相对应的射频指标。

x Data (Text)	DB(C_NF(TP.1,TP... RF System Cascaded Noise ... Freq = 100 MHz	DB(|C_IM3(TP.1,T... RF System Absolute IM3, dBm Freq = 100 MHz	DB(C_IP3(TP.1,TP... RF System Cascaded OIP3, d... Freq = 100 MHz	DB(C_GP(TP.1,TP... RF System Power Gain, Cum... Freq = 100 MHz	DB(C_P1DB(TP.1... RF System OP1dB, dBm Freq = 100 MHz
BPFC (F1@2)	0.12385			-0.12385	
AMP_B (A1@2)	1.0207	-130.4	31.999	35.876	19
MIXER_B (A3@2)	4.0327	-102.42	33.008	45.876	20.361
LPFB (F3@2)	4.0327	-102.7	32.73	45.597	20.083
AMP_B (A5@2)	4.0328	-62.102	42.42	65.592	28.674

图 9.16　系统级联仿真结果

9.4　小　　结

本章介绍了无线通信系统和其常见的指标分析，在射频电路设计中，系统链路设计是决定整个系统链路指标的重要阶段，一个好的系统指标设计能够使得产品具备高可靠性、高兼容性和高的节能降耗等，所以系统链路仿真对于一个产品至关重要。本章以示例的方式介绍了如何使用 Microwave Office 软件进行系统链路级仿真设计，其中包括了常见的各个模块电路的指标设置和仿真结果。

第 10 章　PCB 导入优化电磁仿真

10.1　PCB 导入电磁仿真

大多数实际工作中，需要根据 PCB 的布局去优化设计，比如多层板中的过孔走线、微带线的特殊形状走线等，此时需要直接从已经设计好的 PCB 导入到 Microwave Office 里面进行仿真。本章将介绍从已有的设计图纸导入到 Microwave Office 里面进行仿真的操作方法和设计步骤。导入的方法通常有两种：一种是导入 IPC2581 格式的文件，另一种是导入 DXF 格式的文件。

在实际工程中，很多时候我们需要将已有的 CAD 文件导入到 Microwave Office 软件里面进行电磁参数仿真，这是因为有时电路的结构比较奇特，而用 Microwave Office 软件自带的作图工具进行绘制是比较困难的，这时候可以借助其他作图工具，将绘制完成的电路结构保存为 DXF 文件，然后再导入到 Microwave Office 软件中即可。本节将以微带耦合器为例，简要介绍其仿真步骤。

(1) 准备一个待导入的 DXF 文件。启动 Microwave Office 软件，进入软件后，在主菜单【Options】下选择【Project Options…】，选择【Global Units】栏，将工程的尺寸默认单位改为 mm，勾选【Length】下面的【Metric units】，选择【Length Type】为 mm，如图 10.1 所示。

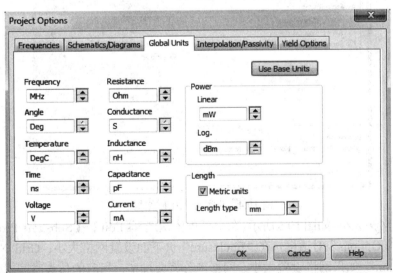

图 10.1　设置环境参数

(2) 在【EM Structures】下单击鼠标右键，如图 10.2 所示，选择【Import DXF…】，

在弹出的 import DXF 对话框中选择需要导入的 DXF 文件，点击【open】按钮，选择 DXF 文件的单位，如图 10.3 所示，由于本例的 DXF 源文件的单位是 mm，因此选择框卜选择 mm，点击【OK】按钮。

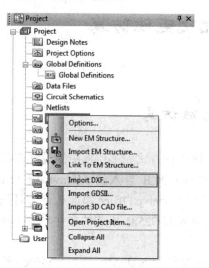

图 10.2　导入 DXF 文件　　　　　　　　　图 10.3　设置导入文件的单位

（3）此时将弹出"New EM Structure"对话框，如图 10.4 所示输入 EM 结构的名称，选择仿真器为【AWR AXIEM-Async】，在【Initialization Options】选择 Default，点击【Create】按钮。若有已经定义好的 Stackup 或 LPF 文件，可以选择【From Stackup】或者【From LPF】。

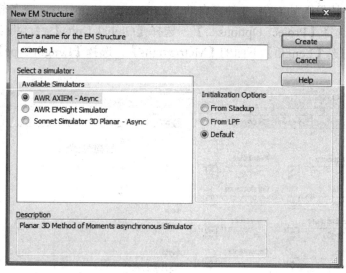

图 10.4　设置导入电磁结构

（4）定义网格大小，如图 10.5 所示。在主菜单依次选择【Edit】→【Substrate Properties…】，弹出"Element Options"对话框，在"Enclosure"页下面设置网格大小：Grid_X = 0.1 mm、Grid_Y = 0.1 mm。如果网格设置太小，网格剖分就会过密，相应的仿真时间就会加长。相反，如果网格设置太大，网格剖分就比较稀疏，相应的仿真时间就会缩小，但会导致计算结果不够精确。

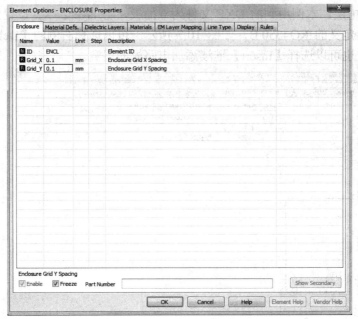

图 10.5　网格设置

(5) 设置板材的类型和导体材料。本例的板材为 Rogers4350 B，其介电常数 Er 为 3.66，损耗因子为 TanD = 0.0037。点击"Dielectric Definitions"右侧的【Add】按钮，然后在弹出的对话框中输入相应的参数，点击【OK】按钮即可。点击"Conductor Definitions"右侧的【Add】，导体材料选择铜"Copper"，如图 10.6 所示。

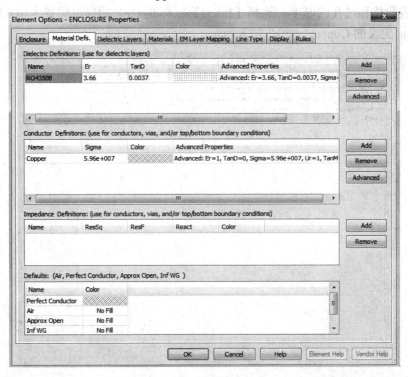

图 10.6　板材参数设置

(6) 设置介电层。本例用到的 DXF 文件为双面板,将 layer2 厚度设置为 0.508 mm,材料设置为之前定义的 RO4350 B,如图 10.7 所示。可以选择右侧的【Delete】按钮将多余的层给删除,也可以选择【Insert】继续添加电路板的层数。

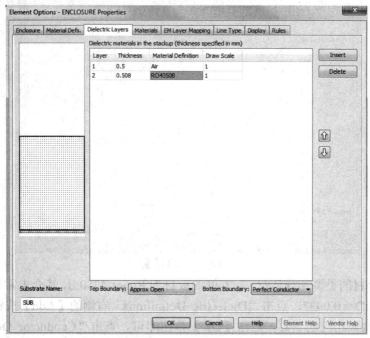

图 10.7   叠层参数设置

(7) 设置导体和过孔的厚度,选择【Insert】,将 Trace1 的厚度设置为 0.035 mm,材料设置为之前定义的 Copper,如图 10.8 所示。

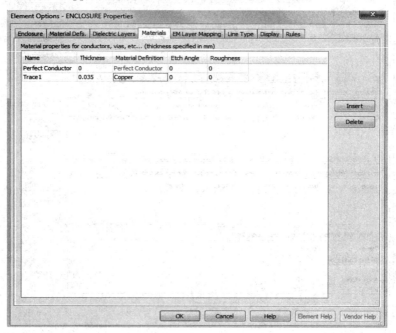

图 10.8   导体材料设置

(8) 将导入的结构与 PCB 的叠层进行映射设置，如图 10.9 所示，点击【OK】按钮完成设置。

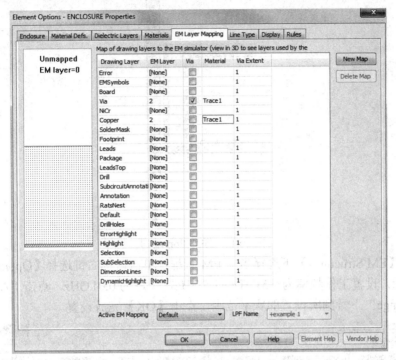

图 10.9　导体层设置

(9) 将导入的 DXF 中的图形全部选中，单击鼠标右键，选择【Shape Properties】，确认"EM layer"位于第二层，"Material"栏为"Trace1"，【Conductor】被选中，如图 10.10 所示，点击【OK】完成设置。

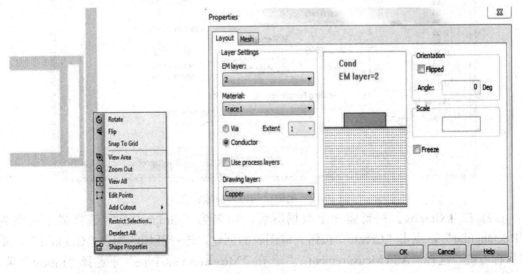

图 10.10　导体层修改

(10) 在需要添加端口的地方增加测试"Port"端口，选择导入的 shape，如图 10.11 所示。在快捷工具栏选择"Edge Port"，然后依次为各个测试点添加"Port"端口。

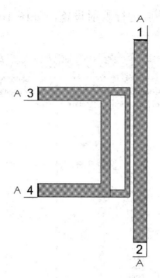

图 10.11　添加 Port 端口

(11) 在【EM Structures】下选择当前 EM 工程，单击鼠标右键选择【Options…】。如图 10.12 所示，设置工作频率为 0.5 GHz～1.5 GHz，步进为 0.01 GHz，点击 "Apply"，在 "Current Range" 下看到所设置的频率范围，点击【OK】完成设置。

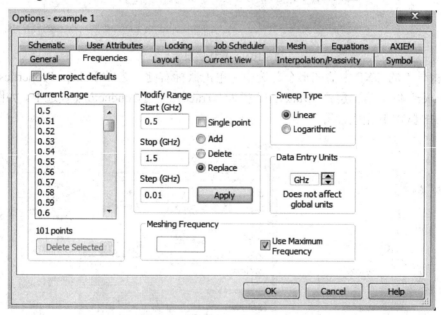

图 10.12　电磁结构仿真参数设置

(12) 在【Graphs】栏新建一个数据图表，命名为 "Graph 1"，选择显示类型为 "Rectangular"，点击 "Create" 按钮完成图表的创建。选择新增的图表 "Graph 1"，单击鼠标右键，选择 "Add Measurement…"，在 "Measurement Type" 下选择 "Linear" 项，在 "Measurement" 栏选择 "S" 参数，在 "Data Source Name" 栏选择需仿真的 EM 结构，"From Port Index" 设置为 1，"To Port Index" 设置为 1，勾选 "dB" 前的方框，点击【OK】完成 S11 参数的设置，如图 10.13 所示。同理可以完成 S21、S31 和 S41 参数的设置。

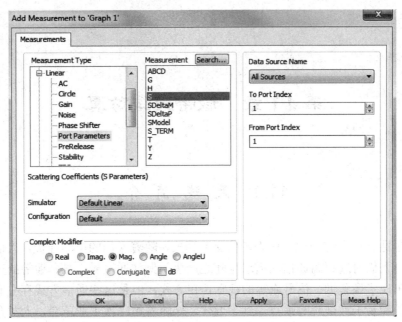

图 10.13　在结果视图中添加测试项

（13）点击仿真运行按钮 ，查看仿真的结果如图 10.14 所示。该耦合器的插损 S21 在 746 MHz～960 MHz 频段都小于 0.1 dB，S11 小于 −30 dB，耦合度 S31 在 −28.9 dB～−31.076 dB 之间，方向性大于 24 dB。

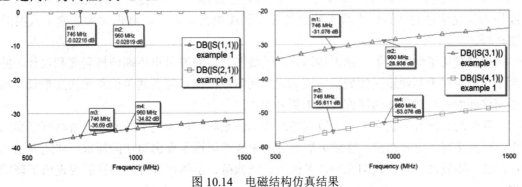

图 10.14　电磁结构仿真结果

10.2　小　　结

在实际工作中，经常需要将已有的电路图纸导入到射频仿真软件中进行电磁仿真。本章以 PCB 文件导入为例，详细介绍了使用 Microwave Office 软件进行板材的叠层设置、PCB 文件导入流程和对导入的电路结构进行电磁仿真的流程。

第 11 章　　微带天线仿真

11.1　天　线　简　介

人类最早通过声音这一载体作为通信交流形式，随着人们的不断迁徙，人们活动的范围不断扩大，人们对远距离通信的需求也随之产生，例如通过号、鼓、锣等的声音传递信息，后来又出现了像狼烟、信号旗等的视觉传讯方式，但是这些通信方式存在通信信息简单、安全性低和易于被破解等缺点。到了近代，伴随着第二次工业革命，人类开始使用电能，并在此后发现了电磁波，建立了利用电磁频谱进行无线通信的时代。

天线是所有通过无线电磁波传递信号的通信系统的基本部件，天线的发射状态是将传输线上的波转换为空间中的波，天线的发射和接收状态互易。由 Maxwell 方程中可以看出电磁波在空间中传播并不需要介质，而且传播速度等同于空间中的光速，所以利用天线作为收发信息的装置使得收发信息的速度和质量大大提升，这也大大加速了人类的发展进程。

自赫兹发明了世界上第一副天线以来，天线在之后的岁月里不断地被研究和设计，并进入了一个相对于其他新兴领域而言较为成熟的阶段。但是随着通信信息量快速增长，为了适应这种增长，对天线的研究也提出更多要求。

在互联网高速发展的今天，大数据的时代悄悄来临，现今电子技术发展对具有更高的频率、更宽带宽、更多功能、性能更加稳定的无线通信设备提出迫切的需求。伴随着卫星通信的进一步发展，对天线向高频、多模式、低载荷、小体积等方向的发展也提出了新的需求。

天线从 1886 年发展至今，已经演变出多种类型的天线。常见的天线有微带天线、喇叭天线、螺旋天线、八木天线、反射面天线、对数周期天线等。按照天线辐射极化又可分为线极化天线、圆极化天线和椭圆极化天线。

11.2　天线基本原理及主要参数

天线作为一种换能器件，发射与接收状态互易。天线做发射作用时是将时变电流即加速电荷转变为光子，而接收信号则与之相反。不论电磁波是何种形式，其都遵循 Maxwell 方程：

$$\nabla \times \boldsymbol{E} = -\frac{\partial \boldsymbol{B}}{\partial t}$$

$$\nabla \times \boldsymbol{H} = \frac{\partial \boldsymbol{D}}{\partial t} + \boldsymbol{J}_{\mathrm{s}}$$

$$\nabla \cdot \boldsymbol{D} = \rho_{\mathrm{e}}$$

$$\nabla \cdot \boldsymbol{B} = 0$$

(11-1)

在式(11-1)中，$\boldsymbol{E}$ 是电场强度，$\boldsymbol{H}$ 是磁场强度，$\boldsymbol{D}$ 为电位移矢量，$\boldsymbol{B}$ 为磁通量密度，$\boldsymbol{J}_{\mathrm{s}}$ 是电流密度，ρ_{e} 为电荷密度。而电磁波在空间中传输满足波动方程：

$$\nabla^2 \boldsymbol{E} - \mu\varepsilon\frac{\partial^2 \boldsymbol{E}}{\partial t^2} - \mu\sigma\frac{\partial \boldsymbol{E}}{\partial t} = 0$$

$$\nabla^2 \boldsymbol{H} - \mu\varepsilon\frac{\partial^2 \boldsymbol{H}}{\partial t^2} - \mu\sigma\frac{\partial \boldsymbol{H}}{\partial t} = 0$$

(11-2)

其中 ε 是煤质的介电常数，μ 代表磁导率，σ 代表电导率，∇ 代表哈密顿算符。

天线的辐射方程如下

$$\dot{I}L = Q\dot{v}$$

(11-3)

其中，I 代表时变电流，L 代表电流元长度，Q 代表电荷，v 代表电荷的加速度。

衡量天线的主要性能参数有天线的方向性系数、效率以及天线的增益。以下是天线的几个主要参数的表达式。

天线的方向系数表征天线辐射电磁能量波束，其表达式如下：

$$D(\theta,\phi) = \frac{4\pi F^2(\theta,\phi)}{\int_0^{2\pi}\int_0^{\pi} F^2(\theta,\phi)\sin\theta\,\mathrm{d}\theta\,\mathrm{d}\phi}$$

(11-4)

其中 $F(\theta,\phi)$ 表示天线场强方向函数与最大场强的归一化。

天线效率是用来衡量将导波能量转换为无线电波能量的有效程度，其表达式如下：

$$\eta_A = \frac{P_{\Sigma}}{P_A}$$

(11-5)

η_A 代表天线效率，P_{Σ} 代表天线辐射的总功率，P_A 代表天线的净功率。

天线增益表示在同一净输入功率下，天线的空间辐射特性，其表达式如下

$$G(\theta,\phi) = D(\theta,\phi)\cdot\eta_A$$

(11-6)

其中 $G(\theta,\phi)$ 代表天线增益，$D(\theta,\phi)$ 代表天线的方向性系数，η_A 代表天线效率。通常情况下，未做特殊说明时，天线的增益指的是天线最大辐射方向的增益。

11.3　微带天线仿真实例

微带天线在近十年中发展出了各种类型的天线，并且在卫星通信、雷达、导弹遥感、

生物医学、移动通信等领域中得到了广泛的应用。微带天线具有体积小、重量相较于传统结构天线轻、剖面低、且容易与其他物体共形、容易做成阵列等优点，因此在现在无线通信系统中被广泛应用。

11.3.1　创建微带天线电磁模型

本节以经典的 Patch 天线为原型介绍在 Microwave Office 软件中如何进行微带天线的仿真设计。

1. 建立工程及初始设置

(1) 运行 Microwave Office 软件，软件启动后弹出 Microwave Office 软件的主窗口。软件启动后默认是新建的工程界面。

(2) 执行菜单命令【File】→【Save Project As…】，与 Windows 系统保存文件操作相同，在弹出的保存工程目录对话框选择工程文件的存放目录，这里将工程保存在"C:\Users\Default\PatchAntenna"文件夹中，其中在"File Name"对话框中输入工程名为"PatchAntenna.emp"，在"Save As Type:"对话框中选择"Project Files(*.emp)"工程类型，如图 11.1 所示。

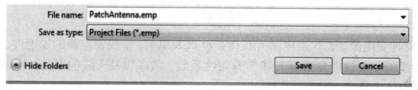

图 11.1　新建工程

(3) 单击【Save】按钮，完成保存工程。

(4) 更改初始仿真环境单位，在仿真工程建立完成后需要对之后仿真工程中会用到的单位进行设置，在菜单栏【Option】下点击【Project Option…】，在弹出的对话框选择"Global Units"栏，如图 11.2 所示进行设置。

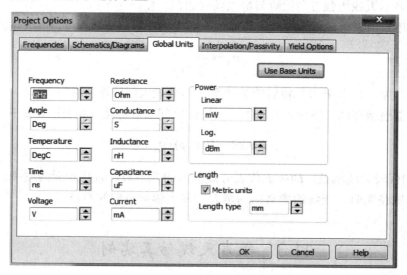

图 11.2　全局单位设置

在"Frequencies"项目下将全局仿真的频率如图 11.3 所示进行修改，点击【OK】完成。

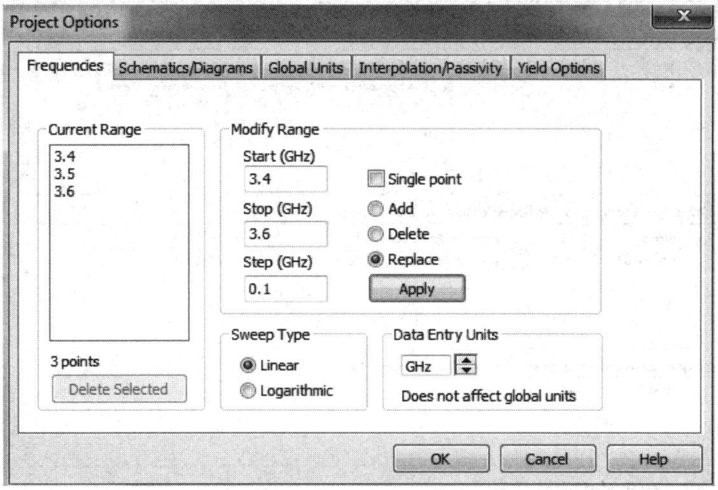

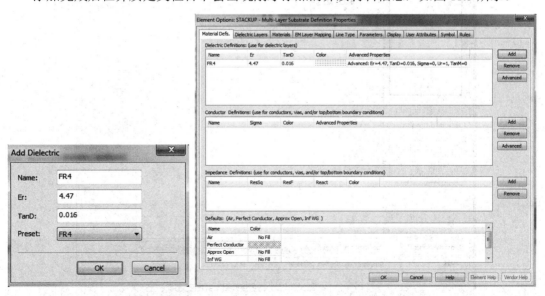

图 11.3　全局仿真频率设置

(5) 在【Project】浏览页面中双击打开全局定义"Global Definitions"，在全局定义中加入的变量、板材设置的控件等可以在整个项目的不同原理图中使用。现在向全局定义中添加 PCB 的叠层设置控件"STACKUP"，具体在【Elements】→【Circuit Elements】的"Substrates"下。

(6) PCB 叠层设置，双击"Global Definition"中的叠层控件"STACKUP"，点击"Dielectric Definitions"右侧的【Add】按钮，添加 PCB 板介质参数，在弹出对话框中的"Preset"中选择 FR4 板材参数。选择后会自动更新该介质参数的相关参数，例如相对介电常数、损耗角正切，如图 11.4 所示。

添加完成后在介质定义栏目下会出现刚才添加的介质材料信息，如图 11.5 所示。

图 11.4　添加 PCB 板材介质信息　　　　　　　　　图 11.5　介质添加完成

(7) 添加导电体设置与添加介质相似，这里添加 Copper 导体材料，设置如图 11.6 所示。

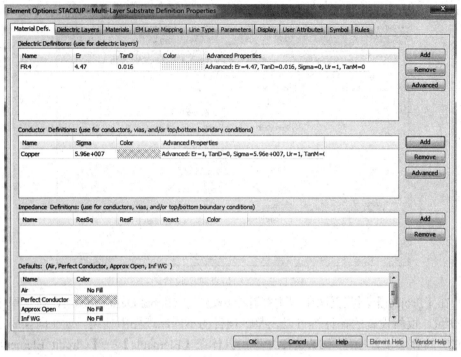

图 11.6　材料定义界面

(8) 转到"Dielectric Layers"界面下点击【Insert】按钮，如图 11.7 所示进行设置。

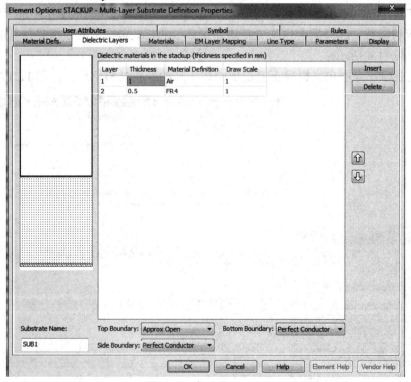

图 11.7　介质叠层设定

(9) 接下来设置材料"Materials"界面。在"Materials"中点击【Insert】按钮添加材料，添加的材料为 Copper，材料厚度为 0.05 mm，添加完成后如图 11.8 所示。

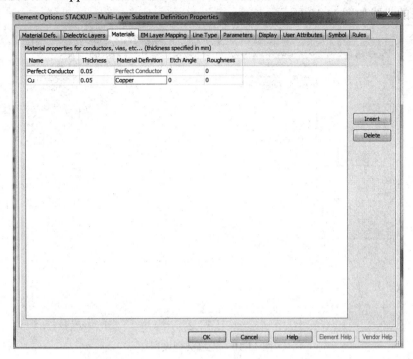

图 11.8　PCB 材料设定

开始设定"EM Layers Mapping"。点击"EM Layers Mapping"界面，将"Copper"层对应的材料设置为"Cu"，在弹出的警告窗口点击【OK】。修改后的电磁层设置如图 11.9 所示。

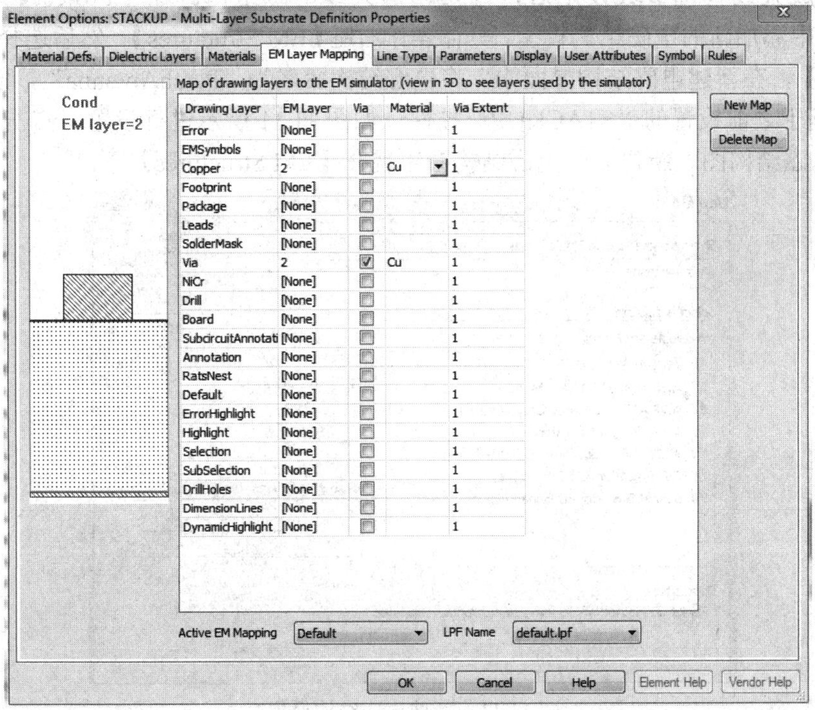

图 11.9　电磁层设置

(10) 对线类型进行设置。需要先插入一个线的类型，才能修改默认线的层数及走线材料，设置好的走线如图 11.10 所示。

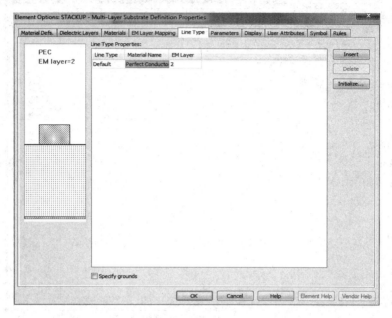

图 11.10　走线类型设定

至此 PCB 叠层已经设定完成，点击【OK】按钮完成设定。

2. 微带天线电磁结构创建

(1) 完成天线基础参数设定后，开始创建天线电磁结构。在【Project】下的【EM Structures】中添加新的电磁结构模型，具体操作右键【EM Structures】，然后选择【New EM Structure…】，在新建电磁结构界面中，将电磁结构命名为"PatchAntenna"，电磁结构的 PCB 设定基于之前设置的"STACKUP"控件，如图 11.11 所示进行设置。点击【Create】按钮新建电磁结构图。新建后的电磁结构会出现在【EM Structures】下。

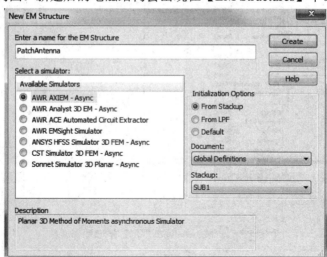

图 11.11　新建电磁结构设置

(2) 打开新建的电磁结构中绘制天线，此时是空白界面。点击菜单栏中【Draw】下的矩形绘制工具"Rectangle"，如图 11.12 所示。

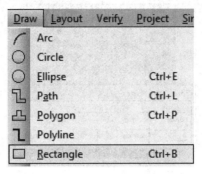

图 11.12　在电磁结构中添加矩形

(3) 点击电磁结构空白界面，注意一直需要按住鼠标左键，点击键盘上的"Tab"键，在弹出的窗口中输入矩形尺寸如图 11.13 所示。点击【OK】，完成矩形创建。

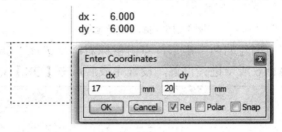

图 11.13　创建矩形

(4) 在矩形辐射面下方添加微带馈线，与之前添加矩形相同，此时按住键盘上的"Ctrl"键会自动对齐已有图形的边角。如图 11.14 所示绘制微带馈线矩形。

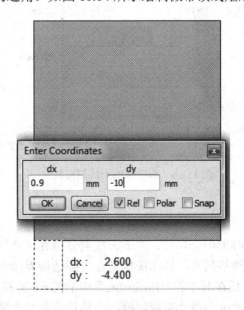

图 11.14　绘制微带馈线矩形

(5) 创建好的矩形微带馈线并不在微带辐射面中间，此时需要将其挪动至微带辐射片中间位置，挪动方法是选中该矩形，鼠标左键按住进行拖动，然后在拖动过程中点击键盘上的"Tab"键，在对话框中输入需要移动的距离参数，如图 11.15 所示，然后点击【OK】。

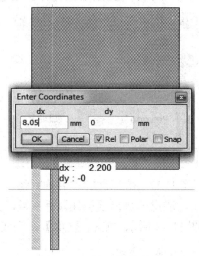

图 11.15　挪动微带馈线

(6) 用鼠标框选之前创建的两个矩形，点击鼠标右键，选择"Shape Properties"进行图形属性编辑，如图 11.16 所示进行设置，设置完成后点击【OK】完成设置。

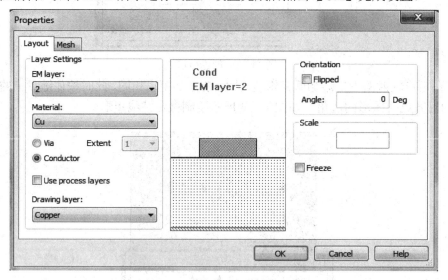

图 11.16　编辑修改天线图形属性

11.3.2　天线仿真

首先要设置天线仿真时的剖分尺寸。由于天线剖分仿真尺寸与电磁结构中的栅格尺寸相关，所以这里需要设置栅格尺寸。具体操作是在电磁结构界面点击菜单栏中【View】下的"View Schematic"，然后在其中将"Enclosure"中的 Grid_X 和 Grid_Y 设置为 0.2 mm，如图 11.17 所示。这个尺寸越小剖分的越精确，当然仿真时间会越长，占用的计算资源也会更多。

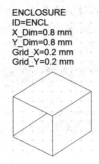

图 11.17　设置栅格尺寸

　　接下来设置天线的仿真频率及仿真相关参数，在对应的电磁结构"PatchAntenna"，右键点击"Options…"，在弹出的参数设置中点击"Frequencies"，设置完成后如图 11.18 所示。

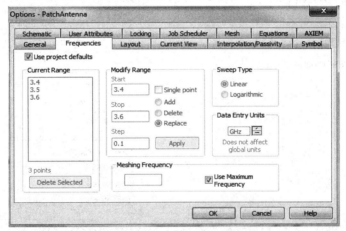

图 11.18　电磁结构仿真频率设置

　　微带天线仿真用到的是 AXIEM 仿真器，在 AXIEM 选项中进行设置，设置后如图 11.19 所示。注不需要勾选 AFS 项，否则仿真会报错。

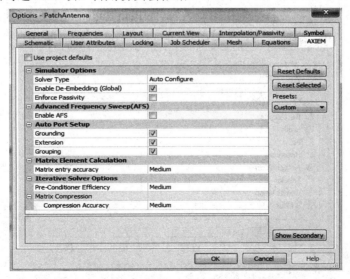

图 11.19　电磁结构 AXIEM 仿真器设置

天线场图观察设置。右键电磁结构"PatchAntenna"选择"Add Annotation",如图 11.20 所示设置天线 3 维场的观测参数。设置好后点击【OK】,该项会添加在电磁结构"PatchAntenna"下方。

图 11.20　天线场图观察设置

添加天线的 E 面辐射方向图。右键【Graph】,选择"New Graph…",选择结果显示类型为"Antenna Plot",并将结果视图命名为"E Plan Radiation",如图 11.21 所示。

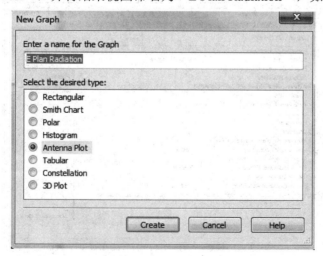

图 11.21　E 面结果视图

　　在新建的 E 面结果视图中添加测试项，如图 11.22 所示进行测试项的选择及设置。点击【OK】，添加测试项。

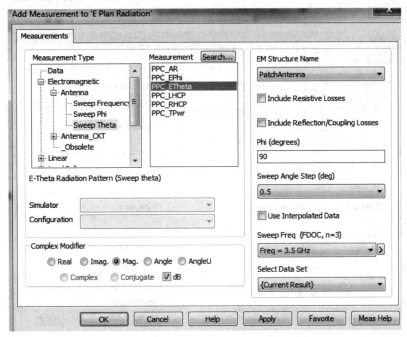

图 11.22　添加 E 面测试项

　　然后新建 H 面结果视图，新建过程与新建 E 面图过程相同。新建结果视图，选择显示类型为"Antenna Plot"，并且将结果视图命名为"H Plan Radiation"，在 H 面结果视图中添加测试项如图 11.23 所示。

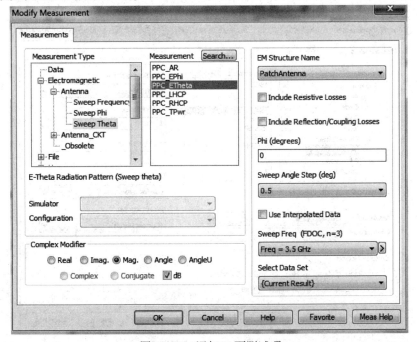

图 11.23　添加 H 面测试项

创建增益结果视图，右键【Graph】选择"New Graph…"，选择"Rectangular"矩形结果视图，并将结果视图命名为"Gain"，在新建的矩形结果视图上添加测试项，如图 11.24 所示。点击【OK】完成测试项添加。

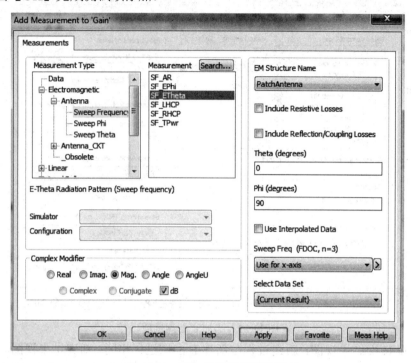

图 11.24　添加天线增益测试项

创建天线 S11 测试项，新建结果视图，选择"Rectangular"矩形显示类型，并在结果视图中添加 S11 测试项，如图 11.25 所示。

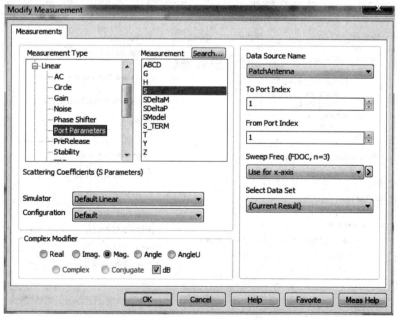

图 11.25　S11 测试项设置

运行仿真。观察仿真结果，如图 11.26 所示。

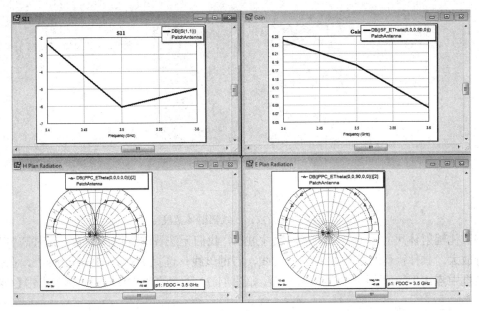

图 11.26　仿真结果

观察天线三维场图，打开电磁结构"PatchAntenna"，在菜单栏【View】中的"View 3D EM Layout"，可以观察到天线的辐射场图，如图 11.27 所示。

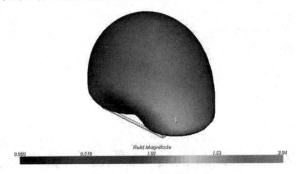

图 11.27　天线辐射场图

11.3.3　天线电磁优化仿真

天线在最初设计时，通常需要通过调整天线辐射体的尺寸来达到较为优化的性能，这就需要提取天线尺寸参数，进而进行尺寸的优化仿真。天线的 S11 参数是天线非常重要的指标之一，S11 好的天线能够较少的减少输入信号的反射损耗，进一步提升天线的辐射效率。此处以 S11 为优化参数目标进行天线的电磁优化仿真。

进行天线电磁结构优化仿真的第一步是对天线的电磁结构尺寸进行参数提取。在天线的电磁结构"PatchAntenna"中双击选中电磁结构，在菜单栏【Draw】中展开"Parameterized Modifiers"，点击其中的"Edge Length"，然后点击电磁结构一边，此时就会将该电磁结构边的长度参数提取出来，如图 11.28 所示。

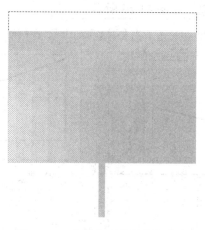

图 11.28　参数化天线辐射体宽度

参数化辐射体尺寸过后，由于字体尺寸过小，我们无法看清提取的参数，此时需要对字体进行放大。具体操作是选中参数提取的线，右键该线，选择"Shape Properties"，在弹出的对话框中点击"Font"进入字体编辑界面。如图 11.29 所示修改字体尺寸，然后点击【OK】。

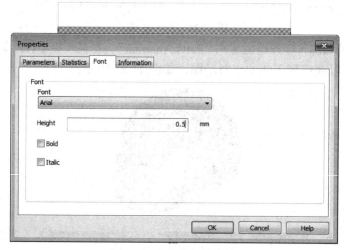

图 11.29　参数字体编辑

之前提取的参数就会清晰的显示出来，我们将该尺寸附与一个变量，后续就可以通过对该变量优化从而达到优化天线，然后对参数按照如图 11.30 所示进行编辑，其中 FE 选项是指电磁结构的边按照什么方式改变。

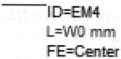

图 11.30　修改提取的参数

注意到此时赋予的变量还没有在 Microwave Office 中进行声明，所以会报错。接下来对该变量进行声明即可。在电磁结构中，点击菜单栏【View】中的"View Schematic"，

进入该电磁结构对应的原理图模式。点击菜单栏【Draw】中的"Add Equation"，如图 11.31
所示进行变量设置。

W0=29

L0=20

图 11.31　添加电磁结构变量

与之前设置宽度相同，进行长度方向参数化提取，长度方向变量设置为"L0"，设置
后的电磁结构如图 11.32 所示。

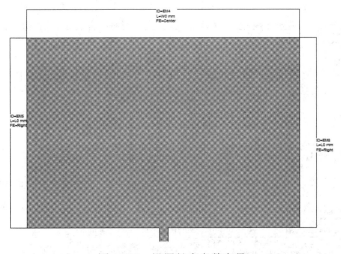

图 11.32　设置长度参数变量

在【Project】浏览器中添加优化目标，具体是右键点击【Project】浏览器中的"Optimizer
Goals"，然后点击"Add Optimizer Goals…"添加优化目标。添加过后双击打开该目标，
设置完成后如图 11.33 所示。

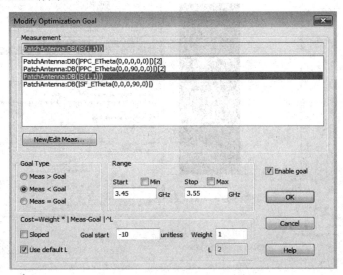

图 11.33　S11 优化目标设置

优化变量设置，点击菜单栏中的【View】下的"Variable Browser"，在弹出的变量窗口中对变量按照下图进行设置。注意需要勾选"Optimize"才能对变量进行优化，如图 11.34 所示。

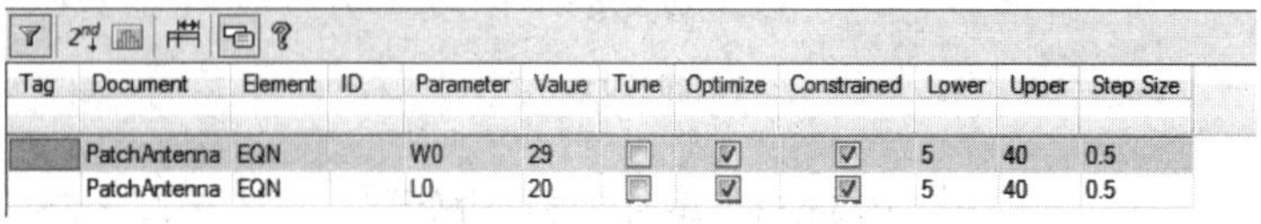

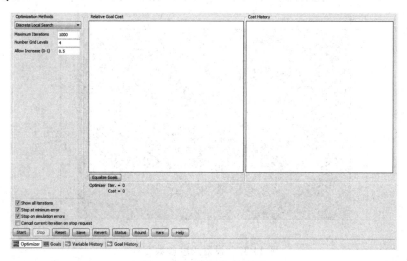

图 11.34　优化变量设置

设置好后，点击菜单栏【Simulate】中的"Optimize"，在优化仿真界面进行设置，如图 11.35 所示。

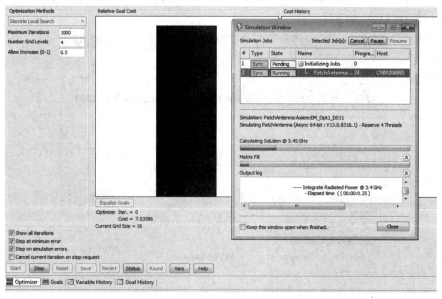

图 11.35　优化仿真设置

点击【Start】按钮进行天线电磁优化仿真，仿真过程如图 11.36 所示。

图 11.36　天线电磁仿真优化过程

电磁仿真优化需要较长的时间，经过电磁仿真优化后，天线 S11 的仿真结果如图 11.37 所示，其中横向斜杠实线就是优化的目标。

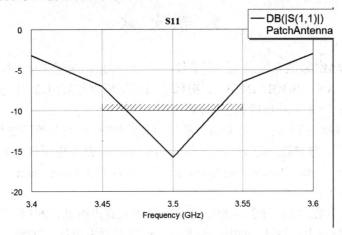

图 11.37　天线 S11 仿真优化结果

11.4　小　　结

本章主要介绍了天线的基本原理，并详细说明了如何使用 Microwave Office 软件进行常见的微带天线的设计和仿真，其中包含了电磁结构参数化提取以及天线电磁结构仿真，并得到了常见的微带天线电磁仿真结果，例如输入回波损耗和天线的增益等指标。

参 考 文 献

[1]　[美] Pozar D M. 微波工程. 3 版. 张肇仪，等译. 北京：电子工业出版社，2010.

[2]　[美] LUDWIG R，BOGDANOV G. 射频电路设计理论与应用. 2 版. 王子宇，王心悦，等译. 北京：电子工业出版社，2013.

[3]　王家礼，朱满座，路宏敏. 电磁场与电磁波. 4 版. 西安：西安电子科技大学出版社，2016.

[4]　曹祥玉，高军，曾越胜. 高等微波技术与天线. 西安：西安电子科技大学出版社，2018.

[5]　[美] CRIPPS C. RF Power Amplifiers for Wireless Communications. 2nd ed ARTECH HOUSE，2006.

[6]　同济大学数学系. 高等数学(上册). 北京：高等教育出版社，2014.

[7]　黄智伟. 混频器电路设计. 西安：西安电子科技大学出版社，2009.

[8]　樊昌信，曹丽娜. 通信原理. 6 版，北京：国防工业出版社，2006.

[9]　[美]施敏，伍国珏. 半导体器件物理. 3 版. 西安：西安交通大学出版社，2008.